解剖 BIM 算量

段然 编著

机械工业出版社
CHINA MACHINE PRESS

本书共六章，分为理论和案例两个部分。理论部分对 BIM 模型如何应用于工程计量进行了阐述，重点说明了基于我国清单定额规则下 BIM 模型算量的理论基础和实现方式。案例部分为 Revit 模型在工程计量方面的具体应用，包括 Revit 模型算量的通用流程，以及 Revit 平台插件和 Revit 模型数据导出这两类解决方案的具体软件操作。

本书篇幅精简，直击重点。理论部分尝试解决"为什么"的问题，案例部分则尝试对"如何做"给出具体方案，特别是对 Revit 模型在国内工程计量的应用进行了系统总结和演示。

本书可作为工程造价、建筑施工、房地产等从业人员参考用书，也可作为高校师生的参考用书。

为便于读者学习，本书配有精美微课视频，读者可以加入 BIM 算量交流 QQ 群（群号 434520347）索取。如有疑问，可拨打编辑电话 010-88379934 咨询。

图书在版编目（CIP）数据

解剖 BIM 算量 / 段然编著 . —北京：机械工业出版社，2020.1
ISBN 978-7-111-64730-0

Ⅰ . ①解…　Ⅱ . ①段…　Ⅲ . ①建筑设计－计算机辅助设计－应用
软件　Ⅳ . ① TU201.4

中国版本图书馆 CIP 数据核字（2020）第 024102 号

机械工业出版社（北京市百万庄大街 22 号　邮政编码 100037）
策划编辑：刘思海　责任编辑：刘思海　陈紫青
责任校对：杜雨霏　封面设计：马精明
责任印制：张　博
北京宝隆世纪印刷有限公司印刷
2020 年 4 月第 1 版第 1 次印刷
285mm×210mm・8 印张・195 千字
标准书号：ISBN 978-7-111-64730-0
定价：45.00 元

电话服务　　　　　　　　网络服务
客服电话：010-88361066　机 工 官 网：www.cmpbook.com
　　　　　010-88379833　机 工 官 博：weibo.com/cmp1952
　　　　　010-68326294　金 书 网：www.golden-book.com
封底无防伪标均为盗版　机工教育服务网：www.cmpedu.com

前·言

工程计量以构件几何尺寸和空间参数作为信息基础，通过三维信息模型提供数据是较为高效的解决方案。

BIM 概念在国内广泛传播之前，我国建设工程领域已有一定的三维模型应用经验。具体在工程计量方面，拥有多种软件解决方案，院校中也开设了电算化课程。BIM 概念及 Revit 等平台引入国内之后，引发了大量基于工程管理理论的讨论。国内软件厂商也在积极迭代产品，增加了模型数据流动能力。如今在我国应用于工程计量的 BIM 解决方案十分灵活，既有独立自主的国产建模算量平台，也有对 Revit 等模型的算量解决方案，不同模型之间数据传递也有多种方式。

Revit 作为较知名的 BIM 平台之一，具有模型建立参数化、数据交互广泛等优势。将设计端的 Revit 模型作为计量模型可以充分应用上游已有数据，不仅提高了效率，更能准确反映设计意图。

虽然 Revit 也具有一定的构件数据统计功能，但是工程计量并不是模型几何尺寸的简单叠加，有其特殊的应用规则。在我国，香港的 SMM7 约定"主梁侧面与次梁接合处之模板空位不予扣除"，内地的 GB 50854—2013 则有"防水搭接及附加层用量不另行计算"、墙面抹灰"门窗洞口和孔洞的侧壁及顶面不增加面积"、楼梯混凝土"以水平投影面积计算"等条文。因此，Revit 模型无法直接作为计量模型，需要定制符合需求的计算规则才能应用于造价领域。

本书共六章，分为理论和案例两个部分。理论部分对 BIM 模型如何应用于工程计量进行了阐述，重点说明了基于我国清单定额规则下 BIM 模型算量的理论基础和实现方式。案例部分为 Revit 模型在工程计量方面的具体应用，包括 Revit 模型算量的通用流程，以及 Revit 平台插件和 Revit 模型数据导出这两类解决方案的具体软件操作。

理论部分尝试解决"为什么"的问题，是本书的精华，同时尽可能做到了篇幅精简、直击重点。除了常见误区和基本理论的介绍外，还系统总结了 BIM 模型算量原理及国内 BIM 计量解决途径。通过这部分，希望读者能够了解造价的相关理论知识，同时建立 BIM 算量应用的基本框架。

　　案例部分尝试对"如何做"给出具体方案。在对 Revit 模型应用于工程计量的流程进行总结之后，本书提供了 Revit 模型算量两种方式的具体软件操作演示，每一步操作或参数设置都有详细解释说明，力争使读者"知其然，也知其所以然"。案例工程涉及土建、钢筋、装饰，其中 Revit 平台钢筋算量在其他图书中涉及较少。

　　通过阅读本书，读者可以了解 BIM 应用于工程计量时的基本理论和框架、解决途径和方式，为工程项目管理和软件配置决策提供参考，同时能够掌握 Revit 模型算量两种方式的具体软件操作，特别是直接在 Revit 平台计算工程量的方式。

　　对于想要了解 BIM 算量理论或是 Revit 算量操作的读者，本书为推荐用书。同时，本书可供工程造价、建筑施工、房地产等相关从业人员阅读参考，也可作为高校师生的参考用书。

　　由于作者水平有限，书中难免存在错漏之处，请读者朋友批评指点。

段　然

目　录　CONTENTS

第一章 初步了解 BIM 算量

CHAPTER 1

BIM 通常认为是建筑信息模型（Building Information Modeling），也有学者拓展出了建筑信息管理等概念。建筑行业不同从业者对于 BIM 的价值有不同的理解，如可视化、模拟、信息集成等。本书作者从事施工管理工作，更加偏重 BIM 在信息传递和数据共享方面的作用。

1.1 国内 BIM 算量的发展

BIM 的概念通常被认为是由国外引入国内，经由 Autodesk、Bentley 等软件商及各大高校推广普及的。但是 BIM 的概念在我国广为传播之前，国内已经有较为成熟的三维模型单项应用，例如结构框架设计、施工模架设计、工程计量等。除了单项应用，一定范围内也可进行软件之间的模型数据交换。

通过三维建模进行工程计量以及后续的工程计价，在我国行业内已经是十分成熟的工作流，广联达、鲁班、斯维尔、品茗等国产软件商都有相应的三维模型工程计量产品，甚至借助于同厂商旗下计价软件对特定省份清单定额规则的良好解读，在某些省份成为主流产品。

对 BIM 传播贡献最多的软件通常认为是 Autodesk 旗下的参数化建模平台 Revit 以及相应的 Navisworks 等上下游配套应用软件。模型建立过程参数化自适应、构件包含信息全面丰富、数据接口广泛，

这些优势使得 Revit 模型在施工模拟、碰撞检查、渲染漫游等许多方面都有不俗的表现。同时由于构件信息全面，借助于 Revit 平台中的明细表功能，可以快速、方便地进行各类工程材料的统计工作。此外，Revit 和 Navisworks 均支持 Quantification 等算量插件，可以更好地完成实物量统计工作。但是我国用于工程造价的计量规则并非是单纯的实物量，各省计算规则也略有不同，使用 Revit 模型直接获取符合国内规范的工程量，需要定制相应的计算规则。定制的规则较为复杂，并不仅仅是构件之间的扣减关系，还有诸如计算墙面抹灰是否统计门窗洞口侧壁、统计楼梯时计量单位是混凝土体积还是投影面积等。由于我国不同省份的计算规则各有差异，因此 Revit 模型基于国内工程造价的计量活动时，需要针对相应地区及目的调整工程量计算策略。

随着 BIM 的普及、Revit 等参数化建模平台及其上下游应用软件的推广，国产软件厂商在 BIM 思想的指导下对旗下产品做出了调整，模型数据交换逐渐开放。由于 Revit 等平台对于国内清单定额规则在某些方面存在"水土不服"，国内厂商算量软件除了直接建立模型外，几乎均支持对 Revit 模型数据的继承和处理，甚至一些国产软件商推出了 Revit 平台内的算量插件。在我国使用 Revit 模型进行工程量计算已经有了较为完美的解决方式。

1.2 BIM 算量的优势

1.2.1 数据共享、一模多用

BIM 本身的优势很多，Revit 等国外参数化建模平台更是带来了更多数据交换、信息共享的可能。从应用上来说，它们可同时满足碰撞检查、施工模拟、漫游渲染等不同需求；从管理角度来说，它们联结了设计、施工、运维的全过程信息流。

灵活建立或获取 BIM 计量模型，可高效完成相应精度的工作内容。而针对计算规则本土化的问题，以 Revit 为例的参数化建模平台和以广联达 GCL 为代表的国产三维建模计量平台之间拥有多种数据接口，Revit 本身也有丰富的算量插件。在工程管理上，使用 BIM 算量将有更多的选择和灵活度。例如通过继承结构设计模型数据，借助参数化族快速建立 Revit 中心模型，将 Revit 模型数据导入国产算量平台完成计量工作（图 1-1）。

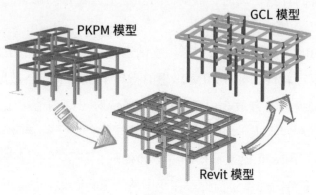

图　1-1

1.2.2 模型参数化、造价信息联动

以 Revit 为代表的 BIM 建模平台，具备参数化自适应的特点，模型构件可实现变更联动。

例如在 Revit 中通过参数化族布置外脚手架，只需在平面中以线段的形式绘制范围（图 1-2），设置好相关参数，即可自动计算并生成外脚手架（图 1-3），并通过明细表统计钢管、扣件、安全网等材料用量（图 1-4）。此外，随着计算参数的修改或布置长度的调整，钢管、扣件、安全网等用量也会随之发生变化。

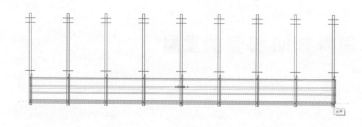

图　1-2

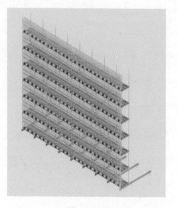

图　1-3

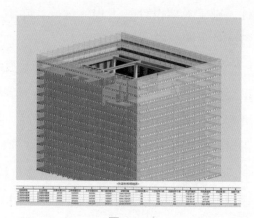

图　1-4

第二章

BIM 算量常见误区

在日常交流中，工程造价的涵义已极为广泛，但严格来说工程造价一般是指工程项目在建设期支出的建设费用。特别是从市场交易角度来看，工程造价是指在工程发承包交易活动中形成的建筑安装工程费用或建设工程总费用（图 2-1）。本书对于工程造价的理解、定义、说明，基于上述表达。

与国外很多地区的"实测实量"模式不同，我国清单定额规则下有一套不同的计量方式，部分施工内容计量方式或计量单位有特殊约定，部分施工内容甚至不需要计量而是在价格中综合考虑。例如《房屋建筑与装饰工程工程量计算规范》（GB 50854—2013）中规定，现浇混凝土楼梯可以采用水平投影面积计量（表 2-1）；楼（地）面防水不计算防水搭接及附加层。而在实际生产的计量计价活动中，往往为了简化计算避免争议，会进一步减少计量内容，例如在合同清单中约定不计算马镫等措施钢筋（图 2-2）。

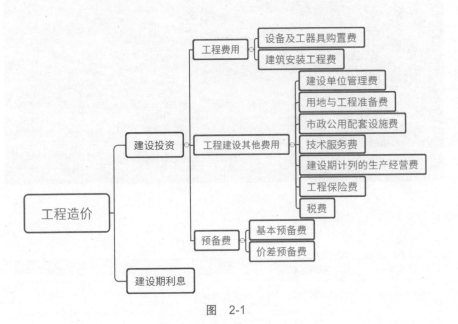

图 2-1

表 2-1 现浇混凝土楼梯计量

项目编码	项目名称	项目特征	计量单位	工程量计算规则	工作内容
010506001	直形楼梯	1. 混凝土类别 2. 混凝土强度等级	1. m² 2. m³	1. 以平方米计量，按设计图示尺寸以水平投影面积计算。不扣除宽度 ≤ 500mm 的楼梯井，伸入墙内部分不计算 2. 以立方米计量，按设计图示尺寸以体积计算	1. 模板及支架（撑）制作、安装、拆除、堆放、运输及清理模内杂物、刷隔离剂等 2. 混凝土制作、运输、浇筑、振捣、养护
010506002	弧形楼梯				

注：整体楼梯（包括直形楼梯、弧形楼梯）水平投影面积包括休息平台、平台梁、斜梁和楼梯的连接梁。当整体楼梯与现浇楼板无梯梁连接时，以楼梯的最后一个踏步边缘加 300mm 为界。

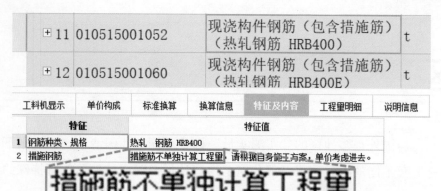

⊞ 11	010515001052	现浇构件钢筋（包含措施筋）（热轧钢筋 HRB400）	t
⊞ 12	010515001060	现浇构件钢筋（包含措施筋）（热轧钢筋 HRB400E）	t

工料机显示	单价构成	标准换算	换算信息	特征及内容	工程量明细	说明信息

	特征	特征值
1	钢筋种类、规格	热轧 钢筋 HRB400
2	措施钢筋	措施筋不单独计算工程量，请根据自身施工方案，单价考虑进去。

图 2-2

既然工程造价中的计量规则与工程实体并不一致，我们就有必要加以区分。由于我国在建设工程发承包与实施阶段的计价活动中多数采用工程量清单计价方法，因此本书中，将计算建设工程费用时的工程量简称为清单量。相对地，构成工程实体的工程量在本书中简称为实物量。基于上述约定，开展以下讨论。

2.1 清单量与实物量

清单量与实物量不但在计算内容上有显著差异，在使用方向上也有明显差异。在进行工程量计算之前，需明确工程量的用途以及相应计算规则，方能准确应用。

通常认为，清单量是在计算建设工程费用时的工程量，可以简单理解为受到特殊计算规则约束的简化工程量。清单量通常以简化计算、减少争议为目的，例如在清单量中钢筋不计算措施钢筋、防水不计算

附加层、填充墙不计算砖导墙等。实物量是指构成建筑工程实体的工程量，可以简单理解为构件几何尺寸。

在综合单价清单计价中，价格中包含了计量规则不一致产生的量差、损耗、风险等，可以理解为一部分工程量包含于价格中，因此产生了差异。例如前文提到的不需计量的措施钢筋、防水附加层、填充墙下砖导墙等，需要施工单位在价格中考虑，投标时调整价格；外脚手架实际由钢管、扣件、安全网等构成（图 2-3），但是在计算建设工程费用时通常仅需计算投影面积（表 2-2）。

图 2-3

表 2-2 脚手架计量

项目编码	项目名称	项目特征	计量单位	工程量计算规则
011702002	外脚手架	1. 搭设方式 2. 搭设高度 3. 脚手架材质	m²	按所服务对象的垂直投影面积计算
011702003	里脚手架			

由于计算内容不同，相应的应用范围也有差异。仍然以外脚手架为例，清单量是计算投影面积，用于计算建设工程费用；而实物量是统计钢管长度、扣件个数、安全网面积，因此用于成本控制、物资管理等。

严格来说，在工程造价的计量活动中通常是计算清单量。本书以此为出发点，主要阐述清单量的计算方法。

2.2　清单量与全部工程量

首先我们一起思考一个问题：混凝土构件中钢筋占用了一部分空间，计算混凝土工程量时是否要扣除这部分钢筋体积？混凝土运输和浇筑过程中，运输车、泵管等中会有残留和损耗，这部分工程量是否增加？答案当然都是否定的。《房屋建筑与装饰工程工程量计算规范》（GB 50854—2013）中，对于柱（表2-3）、墙等常规混凝土构件计算规则的描述，均为"按设计图示尺寸以体积计算，不扣除构件内钢筋、预埋铁件所占体积"。《上海市建筑和装饰工程预算定额》（SH 01—31—2016）中对于常规混凝土构件同样规定，混凝土工程量除另有规定者外，均按设计图示尺寸以体积计算，不扣除构件内钢筋、预埋铁件、预埋螺栓所占体积（图2-4）。

前文已经讨论过，综合单价清单的核心思想就是简化计算、减少争议，清单量仅仅计算图示体积，钢筋所占用的体积、施工工艺损耗的体积等会通过定额消耗系数在工料机汇总中体现。当然，在实际工程的招投标实践中，也有越来越多的企业不再考虑定额系数，而是在清单量的基础上通过经验数据直接调整单价。

表2-3　现浇混凝土柱计量

项目编码	项目名称	项目特征	计量单位	工程量计算规则	工作内容
010502001	矩形柱	1. 混凝土类别 2. 混凝土强度等级	m³	按设计图示尺寸以体积计算，不扣除构件内钢筋、预埋铁件所占体积，型钢混凝土柱扣除构件内型钢所占体积。 柱高： 1. 有梁板的柱高，应自柱基上表面（或楼板上表面）至上一层楼板上表面之间的高度计算。 2. 无梁板的柱高，应自柱基上表面（或楼板上表面）至柱帽下表面之间的高度计算。 3. 框架柱的柱高：应自柱基上表面至柱顶高度计算。 4. 构造柱按全高计算，嵌接墙体部分（马牙槎）并入柱身体积。 5. 依附柱上的牛腿和升板的柱帽，并入柱身体积计算	1. 模板及支架（撑）制作、安装、拆除、堆放、运输及清理模内杂物、刷隔离剂等。 2. 混凝土制作、运输、浇筑、振捣、养护
010502002	构造柱				
010502003	异形柱	1. 柱形状 2. 混凝土类别 3. 混凝土强度等级			

注：混凝土类别指清水混凝土、彩色混凝土等，如在同一地区既使用预拌（商品）混凝土，又允许现场搅拌混凝土时，也应注明。

工程量计算规则

一、现浇混凝土

1. 混凝土工程量除另有规定者外，均按设计图示尺寸以体积计算，不扣除构件内钢筋、预埋铁件、预埋螺栓及墙、板中单个面积≤0.3m²的孔洞所占体积。型钢组合混凝土构件中的型钢骨架所占体积按（密度）7850kg/m³扣除。

图　2-4

《上海市建筑和装饰工程预算定额》的混凝土消耗系数，在1993年定额中是0.98，在2000年定额中是1.015，在2016年定额中是1.01。假设有一尺寸为1m×1m×1m的钢筋混凝土构件，在不考虑与其他构件扣减关系的情况下，该构件的图示体积为 1m³。套用不同定额时，工料机汇总表中实际混凝土方量分别为：1993 年定额 0.98m³、2000 年定额 1.015m³、2016 年定额 1.01m³。定额系数的不同在一定程度上反映了工艺技术和社会平均水平的变化：1993 年，商品混凝土尚未普及，钢筋所占体积影响较大；2000 年，商品混凝土的普及和浇筑体量、浇筑工艺的发展使得运输车辆和泵管中的损耗更为凸显；2016 年定额的变化侧面反映了随着市场竞争行业整体管理水平的提升，现浇混凝土柱构件在《上海市建筑和装饰工程预算定额》（SH 01—31—2016）中消耗系数为 1.0100（表 2-4）。

表 2-4　现浇混凝土柱定额

工作内容：混凝土浇捣、抹平、看护、浇水养护等全部操作过程。

定额编号			01-5-2-1	01-5-2-2	01-5-2-3
项　　目		单位	预拌混凝土（泵送）		
			矩形柱	构造柱	异形柱、圆形柱
			m³	m³	m³
人工	00030121 混凝土工	工日	0.7592	0.9950	0.8041
	00030153 其他工	工日	0.1482	0.1600	0.1505
	人工工日	工日	0.9075	1.1550	0.9546
材料	80210401 预拌混凝土（泵送型）	m³	1.0100	1.0100	1.0100
	02090101 塑料薄膜	m³	0.4009	0.3742	0.4125
	34110101 水	m³	0.6745	0.5102	0.5942
机械	99050929 混凝土振捣器	台班	0.1000	0.1000	0.1000

无论采用哪种定额，清单量都是图示尺寸计算出的 1m³，既简化了计算又减少了争议，还有图纸作为共同的计量基础，相较于实测实

量的方式更有利于解决分歧。值得再次说明的是，越来越多企业不再注重官方的定额系数，而是仅将其作为组价的基础数据，甚至直接通过清单量调整单价。在清单计价下，平米指标、企业定额等企业数据库更加重要。

因此，以工程造价为目的进行的清单量计算本质是为了达成共识和简化数据，类似于防水搭接和附加层、钢筋所占的混凝土体积等较为复杂、不易计算或易产生争议的工程量全部包含于综合单价中考虑；比较极端的清单中甚至出现了三轴搅拌桩按外切线的直形墙计量的计算规则。

综上，清单量并不是全部工程量，一部分工程量包含于综合单价中。虽然施工单位在投标报价中需要考虑工程量差异及损耗，但是在工程造价广泛的计量活动中，均围绕清单量开展工作。

2.3　清单定额编码与计算规则

考虑到有部分读者朋友并非从事造价工作，而仅仅是为了拓展 BIM 工作流，或是在校学生，可能会将清单定额编码与计算规则混淆，因此在这里简单说明。

清单定额编码通常用指代项目名称的阿拉伯数字标示，具体编码规则见各规则约定。《建设工程工程量清单计价规范》（GB 50500—2013）中规定采用前十二位阿拉伯数字表示，一至九位应按附录的规定设置，十至十二位应根据拟建工程的工程量清单项目名称设置，同一招标工程的项目编码不得有重码。

清单或定额的计算规则是指在计量活动中需要共同遵守的相应约定，包括计量方式、计量内容、构件之间的扣减关系等。《房屋建筑与装饰工程工程量计算规范》（GB 50854—2013）中包括了项目编码、项目名称、项目特征、计量单位、工作内容、工程量计算规则（表 2-5）。

表 2-5　现浇混凝土墙工程量计算规则

项目编码	项目名称	项目特征	计量单位	工程量计算规则	工作内容
010504001	直形墙	1. 混凝土类别 2. 混凝土强度等级	m³	按设计图示尺寸以体积计算。 不扣除构件内钢筋、预埋铁件所占体积，扣除门窗洞口及单个面积 > 0.3m² 的孔洞所占体积，墙垛及突出墙面部分并入墙体体积计算内	1. 模板及支架（撑）制作、安装、拆除、堆放、运输及清理模内杂物、刷隔离剂等。 2. 混凝土制作、运输、浇筑、振捣、养护
010504002	弧形墙				
010504003	短肢剪力墙				
010504004	挡土墙				

注：1. 墙肢截面的最大长度与厚度之比小于或等于 6 倍的剪力墙，按短肢剪力墙项目列项。
　　2. L 形、Y 形、T 形、十字形、Z 形、一字形等短肢剪力墙的单肢中心线长 ≤ 0.4m，按柱项目列项。

编码是为了对工程量进行区分和归并，而计算规则是对模型原始工程量进行数据处理的依据。在各类算量平台建模、计算工程量时，通常需要设置相应的清单定额，包括编码设置和计算规则设置（图 2-5）。在实际软件操作中，清单定额编码也有利于将计量模型数据导入计价平台。

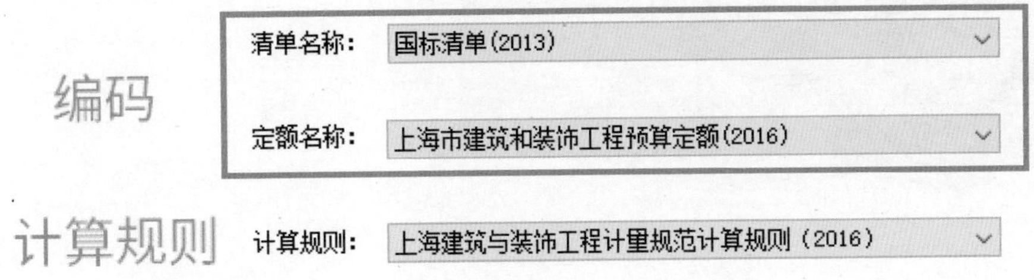

编码

清单名称：　国标清单（2013）

定额名称：　上海市建筑和装饰工程预算定额（2016）

计算规则

计算规则：　上海建筑与装饰工程计量规范计算规则（2016）

图　2-5

花费了一定篇幅来区分清单定额编码与计算规则是为了说明：并不是套用了清单定额编码的构件工程量就是清单量。如果仅仅套用了清单定额编码而没有应用相应的计算规则对数据进行处理，依然是原始的实物量；相反地，如果采用了相应的计算规则处理了构件之间的关系，即使没有套用做法和编码，依然是清单量，并且可以通过手动填写的方式计入计价表。

在 Revit 等国外参数化建模平台引入我国的早期阶段，一些软件专家尝试将清单定额编码录入这些平台，并试图以此完成工程计量。但是由于仅仅是引入了编码，而没有引入计算规则，更没有通过相应规则去处理模型数据，导致工程量仅仅是套用了清单定额编码的实物量，无法满足工程造价需要。随后我国各大造价软件厂商介入，引入多年积累的清单定额数据库，并通过处理数据的方式解决了实物量与清单量的转化。

2.4　合约模型与施工模型

合约模型（图 2-6）通常是不含措施的工程实体模型，用于计算清单量。模板、脚手架、各类机械等措施并不体现在模型中，而是依据计算规则由实体构件通过接触面积、投影面积获取。合约模型可用于工程造价。

施工模型（图 2-7）通常是包含各类措施的施工过程模型，用于获取实物量。脚手架、各类机械等措施体现在模型中，可统计钢管长度、扣件个数、安全网面积等。施工模型可用于反映实际成本。

本书主要阐述使用合约模型计算清单量的方法。

图 2-6

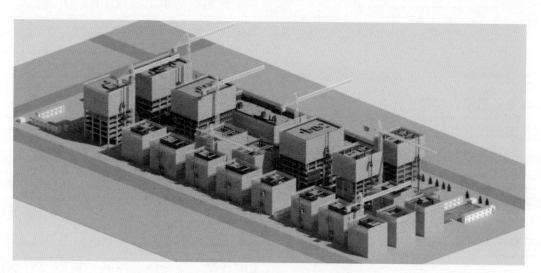

图 2-7

第三章 CHAPTER 3
BIM 模型算量原理

BIM 模型算量的本质是在计量模型的基础上提取工程量，而计量模型与实体模型在计量规则上有一定的出入，需要通过计算规则对基础数据进行处理，获取符合工程造价的清单量。因此，BIM 模型计量大致分为三步：

① 梳理构件信息建立计量模型。

② 通过计量模型汇总实物量。

③ 定制符合要求的扣减规则获取清单量（图 3-1）。

在梳理构件信息建立计量模型时，计量模型既可直接建立，也可继承其他 BIM 模型数据，模型需包含构件尺寸和空间数据等基础信息。图 3-2 为 BIM 计量原理简图，在实体模型实物量的基础上通过各类计算规则处理数据得到计量模型，计量模型用于提取清单量。

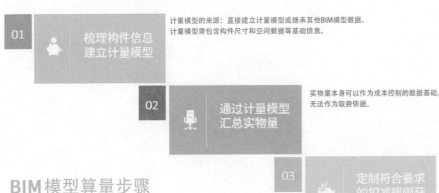

计量模型的来源：直接建立计量模型或继承其他BIM模型数据。
计量模型需包含构件尺寸和空间数据等基础信息。

01 梳理构件信息建立计量模型

实物量本身可以作为成本控制的数据基础，无法作为取费依据。

02 通过计量模型汇总实物量

03 定制符合要求的扣减规则获取清单量

通过定制扣减规则处理实物量，获取清单量。
清单量可作为取费的数据基础。

BIM模型算量步骤

图 3-1

BIM计量原理

BIM实体模型

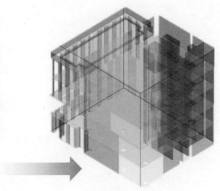

BIM计量模型

图 3-2

3.1 结构构件算量原理

无论是国产三维算量平台还是 Revit 等国外平台，获取清单量的基础都是实物量，而实物量的载体是三维模型中包含的构件几何尺寸和空间参数。

结构构件通常是墙、梁、板、柱，材质通常是混凝土或砌体，这类构件计量规则简单，只需统计构件几何尺寸并对重合部位进行工程量扣减即可。因此对于大多数常规的结构构件，只需计算体积（混凝土、砌体）或接触面积（模板），并按相应省市的计算规则处理好扣减关系，就能获取符合要求的工程量。

处理扣减关系的方式大致有两类：一是通过计算公式进行数据扣减，二是在模型中打断构件直接物理扣减。通过计算公式进行数据扣减的方式，对于多数使用者来说需要借助第三方数据库，如国产算量平台（图 3-3）或 Revit 平台算量插件（图 3-4），这些软件产品集成了各省市计算规则，在已有数据的基础上通过计算式调整工程量。在模型中打断构件直接进行物理扣减，则通常不需要第三方数据库，例如在 Revit 中用墙柱打断梁板或梁板被墙柱开洞，完成扣减，再借助明细表汇总工程量。但是实体模型剪切对于算量这一单一应用点来说并不友好。例如墙柱与梁板的剪切，通常是墙柱不变扣梁板，如果不小心在实体模型中做成了梁板不变扣墙柱（图 3-5）就没法调整了，只能再返回修改模型。但是如果模型本身是重叠的没有做实体剪切，而是通过计算规则和计算式调整数值，切换就较为方便和灵活。

综上所述，对于多数结构构件，只需统计构件尺寸信息并定制扣减规则即可完成实体模型与计量模型的转化。一结构的墙、梁、板、柱，二结构的砌体、圈梁、构造柱等，均可按该类方式获取工程量。

图　3-3

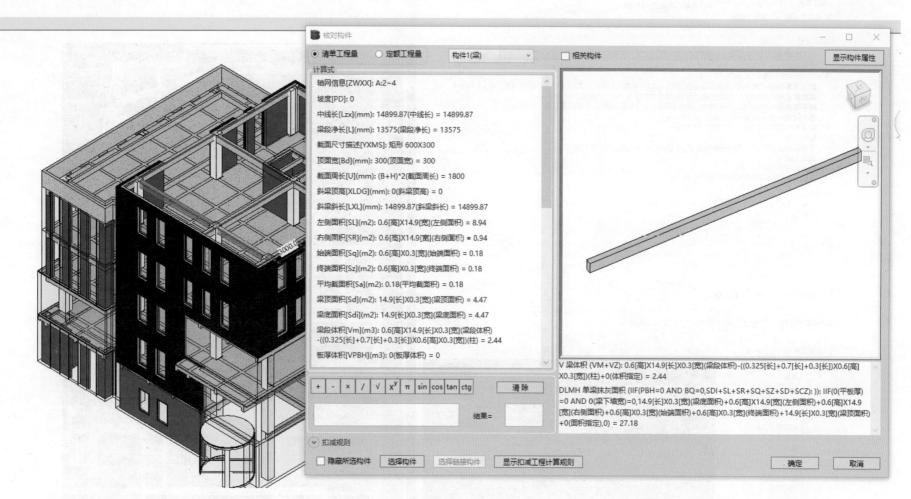

图　3-4

图 3-5

3.2 装饰装修算量原理

3.2.1 初装修装饰面计量原理

与结构构件不同，对于天棚、地坪、墙面抹灰等初装修工程量，通常并不能够由实体模型直接获取，而是以装饰面的形式计算，原因如下。

1）我国计量规范的要求。例如《房屋建筑与装饰工程工程量计算规范》（GB 50854—2013）规定：墙面抹灰按设计图示尺寸以面积计算（表 3-1），其中外墙抹灰面积按外墙垂直投影面积计算，内墙抹灰面积按主墙间的净长乘以高度计算；地坪同样按设计图示尺寸以面积计算。这样的好处是可以尽量避免计量争议，对于不方便计量的

部分以及相关损耗和风险则由综合单价体现。

表 3-1 墙面抹灰工程量计算

项目编码	项目名称	项目特征	计量单位	工程量计算规则	工作内容
011201001	墙面一般抹灰	1. 墙体类型 2. 底层厚度、砂浆配合比	m²	按设计图示尺寸以面积计算。扣除墙裙、门窗洞口及单个 > 0.3m² 的孔洞面积，不扣除踢脚线、挂镜线和墙与构件交接处的面积，门窗洞口和孔洞的侧壁及顶面不增加面积。附墙柱、梁、垛、烟囱侧壁并入相应的墙面面积内	1. 基层清理 2. 砂浆制作、运输 3. 底层抹灰 4. 抹面层 5. 抹装饰面 6. 勾分格缝
011201002	墙面装饰抹灰	3. 面层厚度、砂浆配合比 4. 装饰面材料种类 5. 分格缝宽度、材料种类			
011201003	墙面勾缝	1. 墙体类型 2. 找平的砂浆厚度、配合比		1. 外墙抹灰面积按外墙垂直投影面积计算 2. 外墙裙抹灰面积按其长度乘以高度计算 3. 内墙抹灰面积按主墙间的净长乘以高度计算 （1）无墙裙的，高度按室内楼地面至顶棚底面计算 （2）有墙裙的，高度按墙裙顶至顶棚底面计算 4. 内墙裙抹灰面积按内墙净长乘以高度计算	1. 基层清理 2. 砂浆制作、运输 3. 抹灰找平
011201004	立面砂浆找平层	1. 墙体类型 2. 勾缝类型 3. 勾缝材料种类			1. 基层清理 2. 砂浆制作、运输 3. 勾缝

注：1. 立面砂浆找平项目适用于仅做找平层的立面抹灰。
2. 抹石灰砂浆、水泥砂浆、混合砂浆、聚合物水泥砂浆、麻刀石灰浆、石膏灰浆等按墙面一般抹灰列项，水刷石、斩假石、干粘石、假面砖等按墙面装饰抹灰列项。
3. 飘窗凸出外墙面增加的抹灰不计算工程量，在综合单价中考虑。

例如，某工程图纸中涉及的地坪"防滑地砖地面 D3-1"（图 3-6）有多层做法，则通常仅统计一遍面积计入清单量，具体做法通过在计价表中套用不同的定额子目体现（图 3-7）。

13

D3-1	防滑地砖地面1

1.10厚防滑地砖,干水泥擦缝
2.20厚DS20结合层,表面撒水泥粉
3.水泥砂浆一道(内掺建筑胶)(地面)
4.70厚轻骨料混凝土填充层(B1-B4)
5.270厚轻骨料混凝土填充层(B5)
6.钢筋混凝土楼板

图 3-6

图 3-8

	28	011102003013	防滑地砖地面1(D3-1)	m2
		01-11-1-14换	干混砂浆找平层 填充保温材料上 20mm厚 干混地面砂浆 DS M20.0	m2
		01-11-2-13换	地砖楼地面干混砂浆铺贴 每块面积 0.1m2以内 干混地面砂浆 DS M20.0	m2

图 3-7

2)技术条件的限制。以 Revit 为例,在建立实体模型时,Revit 构件能够建立结构层、衬底、保温层、涂膜层、面层等并赋予相应材质,但是在将实体模型转化为计量模型时,装饰层与结构层的区分技术尚不成熟。例如在 Revit 中建立"50mm 面层 +200mm 结构 +50mm 面层"的楼板构件(图 3-8),实际混凝土楼板厚度为 200mm。将该模型导入某算量平台后混凝土楼板厚度变为了 300mm,将装饰层也并入了结构构件厚度,造成工程量不准确(图 3-9)。类似地,Quantification 等插件在读取材质时也有同样问题。

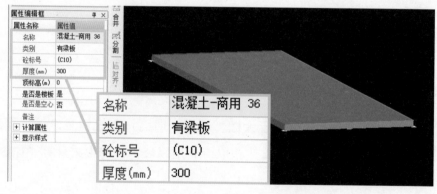

图 3-9

由于上述两方面原因,对于天棚、地坪、墙面等初装修工程量,通常采用装饰面的形式辅助计算。装饰面的布置形式大致有实体装饰面和非实体装饰面两类。

14

3.2.2　实体装饰面方式

实体装饰面的方式无论是原理还是操作都较为简单，直接在父图元的基础上附着即可。以墙面装修为例，在广联达等平台中是在墙体上附着墙面（图 3-10），在 Revit 中晨曦、品茗等插件是通过新建基本墙作为墙面（图 3-11）。

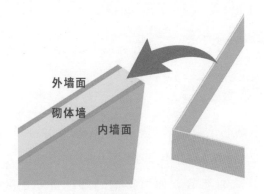

图　3-10

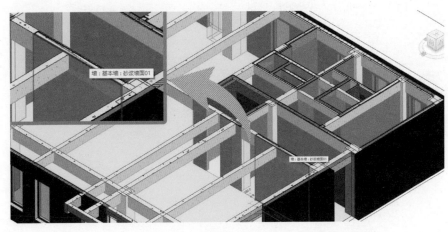

图　3-11

3.2.3　非实体装饰面方式

非实体装饰面通常是通过统计构件参数并处理数据获得的，具体有附加属性等方式。例如斯维尔 Revit 算量插件是采用非实体的方式，通过详图组获取参数布置装饰面（图 3-12）。

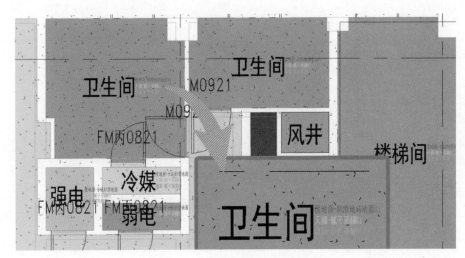

图　3-12

3.3　钢筋算量原理

3.3.1　钢筋计量统计原理

我国钢筋计量规则是通过钢筋长度或钢筋网面积与单位理论密度

之乘积计算钢筋重量,且计价清单通常仅仅区分钢筋牌号不区分钢筋直径。因此钢筋计量的本质是统计和归集:相同牌号下,统计相同直径的钢筋长度并乘以单位密度,再累加求和。实际操作中简化为不同直径通过单位理论密度计算重量,并按牌号归并(图 3-13)。相应地,计价清单中钢筋同样按牌号列项,以重量计(图 3-14)。

序号	编码	名称	单位
⊟ B2		钢筋工程	
⊞ 15	010515001066	现浇构件钢筋(包含措施筋)(热轧钢筋 HPB300)	t
⊞ 16	010515001049	现浇构件钢筋(包含措施筋)(热轧钢筋 HRB400)	t
⊞ 17	010515001058	现浇构件钢筋(包含措施筋)(热轧钢筋 HRB400E)	t

图 3-14

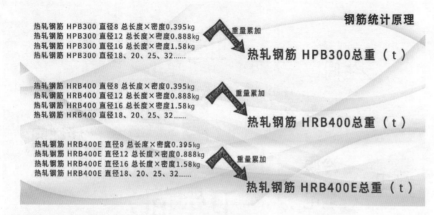

图 3-13

3.3.2 输入平法信息方式

对于图纸中钢筋信息的表述,世界各地采用的方式并不一致。我国采用的是从 20 世纪 90 年代逐渐普及的平法标注方式:平面绘制尺寸和主要钢筋,细部节点如搭接锚固等翻查图集的构造做法,根据混凝土强度抗震等级及实际工程要求套用不同的节点长度要求(图 3-15)。这种方式节省了大量图纸,也十分适合 CAD 出图。

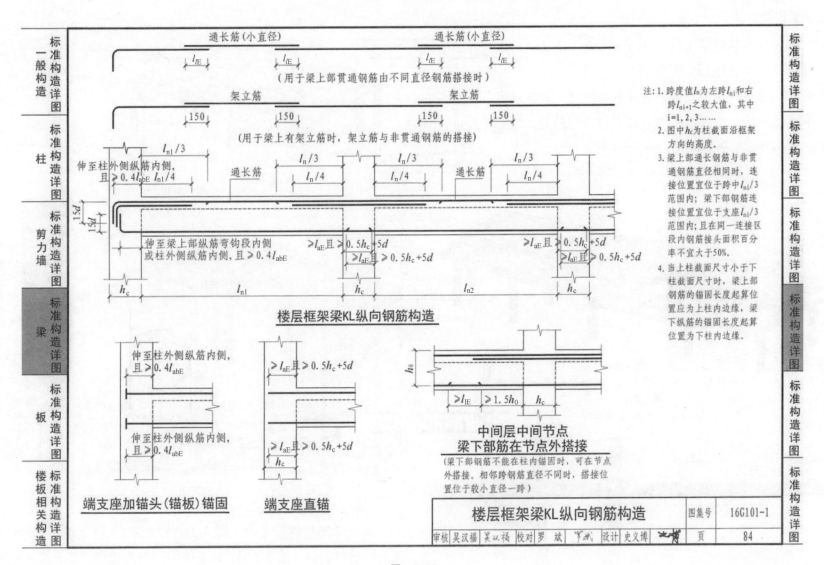

楼层框架梁KL纵向钢筋构造

注：1. 跨度值l_n为左跨l_{ni}和右跨l_{ni+1}之较大值，其中$i=1, 2, 3\cdots\cdots$。
2. 图中h_c为柱截面沿框架方向的高度。
3. 梁上部通长钢筋与非贯通钢筋直径相同时，连接位置宜位于跨中$l_{ni}/3$范围内；梁下部钢筋连接位置宜位于支座$l_{ni}/3$范围内，且在同一连接区段内钢筋接头面积百分率不宜大于50%。
4. 当上柱截面尺寸小于下柱截面尺寸时，梁上部钢筋的锚固长度起算位置应为上柱内边缘，梁下纵筋的锚固长度起算位置为下柱内边缘。

端支座加锚头（锚板）锚固　端支座直锚

中间层中间节点
梁下部筋在节点外搭接
（梁下部钢筋不能在柱内锚固时，可在节点外搭接。相邻跨钢筋直径不同时，搭接位置位于较小直径一跨）

楼层框架梁KL纵向钢筋构造	图集号	16G101-1
审核 吴汉福　吴汉福　校对 罗斌　冯成　设计 史义博	页	84

图　3-15

钢筋采用平法并搭配图集可以快速建立配筋信息，同时也为钢筋建模提供了快捷方式：

① 建立构件尺寸框架（图 3-16）。

② 录入钢筋平法信息（图 3-17）。

③ 根据内置的图集节点快速生成钢筋模型（图 3-18 和图 3-19）。

在生成钢筋后，根据钢筋牌号及直径进行归并，汇总工程量，即可完成钢筋计量工作（图 3-20）。

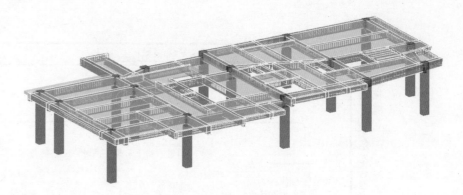

图　3-18

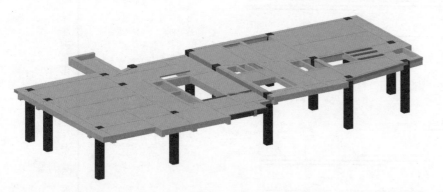

图　3-16

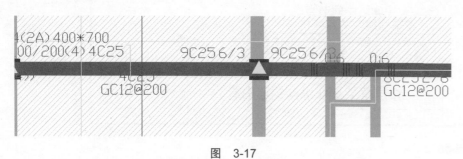

图　3-17

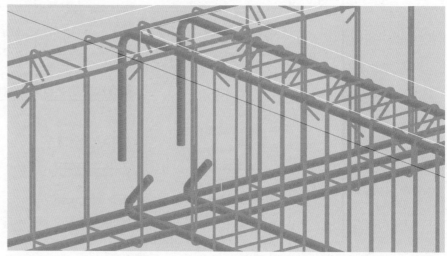

图　3-19

无论是国产算量平台（图 3-21 和图 3-22）还是基于 Revit 等国外平台的算量插件（图 3-23），对于国内图纸的钢筋计量大多采用上述方法。

构件类型	合计	级别	4	6	8	10	12	14	16	18	20	22	25
柱	18.826	Φ			3.009	2.736	0.322				1.11	8.598	1.732
墙	0.145	中		0.145									
	3.923	Φ				3.923							
梁	0.748	中		0.089	0.616							0.043	
	39.058	Φ			5.675	2.419	0.85	2.248	0.982	0.232	8.267	2.492	15.108
现浇板	0.004	中		0.004									
	14.032	Φ			0.106	1.57	12.196	0.161					
板洞加筋	0.175	Φ							0.175				
栏板	0.004	中		0.004									
	0.209	Φ			0.046	0.126	0.037						
自定义线	0.772	Φ				0.498		0.274					
楼梯	0.08	中	0.08										
	1.54	Φ		0.014	0.038	0.758	0.071	0.323	0.182			0.153	
其它	2.991	Φ				2.104		0.015			0.083	0.238	0.551
合计	0.98	中	0.08	0.241	0.616							0.043	
	81.525	Φ		0.12	10.338	24.76	1.441	2.86	1.339	0.232	9.46	11.481	17.391

图　3-20

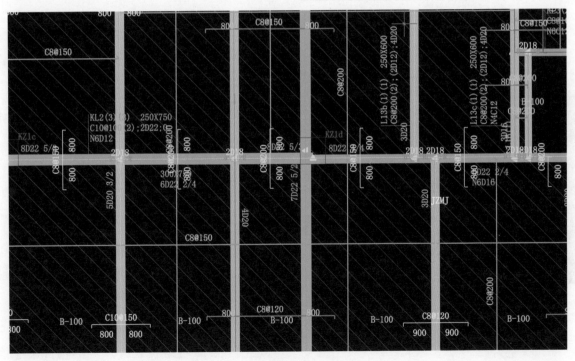

图　3-21

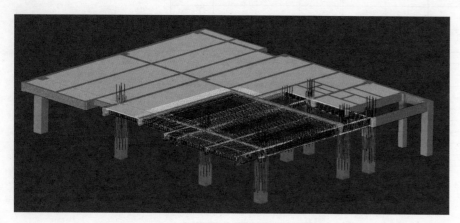

图 3-22

值得注意的是，钢筋平法的本质是翻模，无论是针对工程造价的钢筋抽样还是针对现场施工的钢筋翻样，都需要根据图纸的相关信息和 G101 图集的相关节点判断钢筋形式及钢筋长度。因此，钢筋计量十分依赖人的因素——是否正确表达结构图中钢筋设计意图，即十分依赖技术人员对于 G101 图集的掌握和理解。例如 11G101 图集中，二级抗震直径 20 的 HRB335 框架梁钢筋，查表得知抗震修正系数 1.15、锚固修正系数 1，所以锚固长度为：$29d \times 1.15 \times 1 = 33.35d$。施工单位预算员 A 认为应该按 $34d$（向上取整）计算，业主成本代表或某经济监理认为应该按 $33d$（四舍五入）计算，这样的分歧就会造成工程量差异。

虽然上述例子在 16G101 图集中已经通过查表的方式解决了（$33d$），但是仍然有可能在各个环节产生错误。抗震等级和混凝土标号导致的锚固长度错误、钢筋构造节点选用错误等都会造成工程量差异。钢筋计算时相关计算参数的具体设置将在本书第五章中详细介绍。

3.3.3 继承计算数据方式

除了输入平法信息方式外，随着 BIM 应用及正向设计的推广，市场上也出现了正向生成钢筋模型并计量的产品。这类产品的使用流程是：读取结构设计模型的构件尺寸信息及计算信息→根据读取的构件尺寸信息生成结构模型→根据读取的计算信息进行配筋→生成钢筋、出图、统计用量。

以 Revit 平台 PDST 插件为例，上述流程具体实施步骤为：读取 YJK 或 PKPM 等结构设计软件的构件尺寸信息及计算信息（图 3-24）

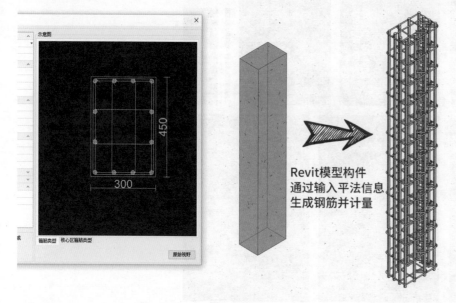

Revit 模型构件通过输入平法信息生成钢筋并计量

图 3-23

→根据读取的构件尺寸信息通过参数化族生成 Revit 模型（图 3-25）
→根据读取的计算信息通过配筋率进行二次配筋（图 3-26）→在 Revit
模型中生成钢筋、出图、统计用量（图 3-27~ 图 3-29）。

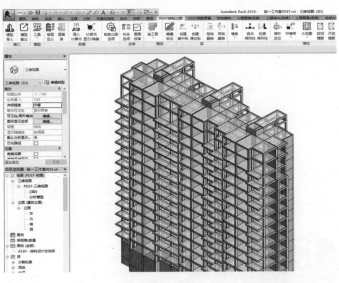

图　3-25

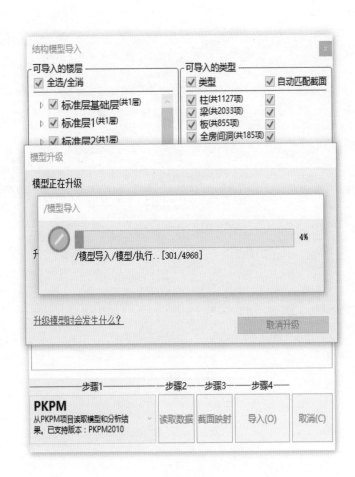

图　3-24

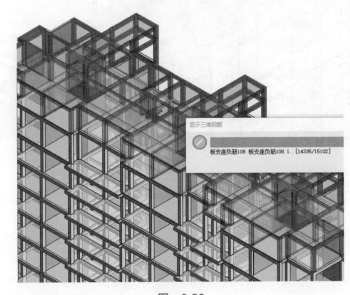

图　3-26

图 3-27

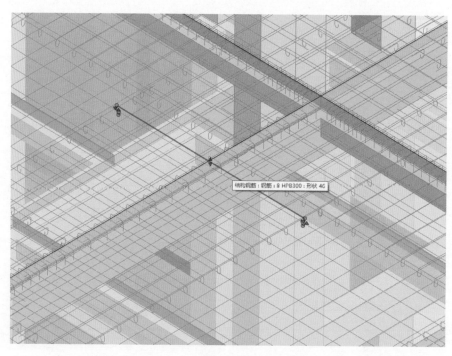

图 3-28

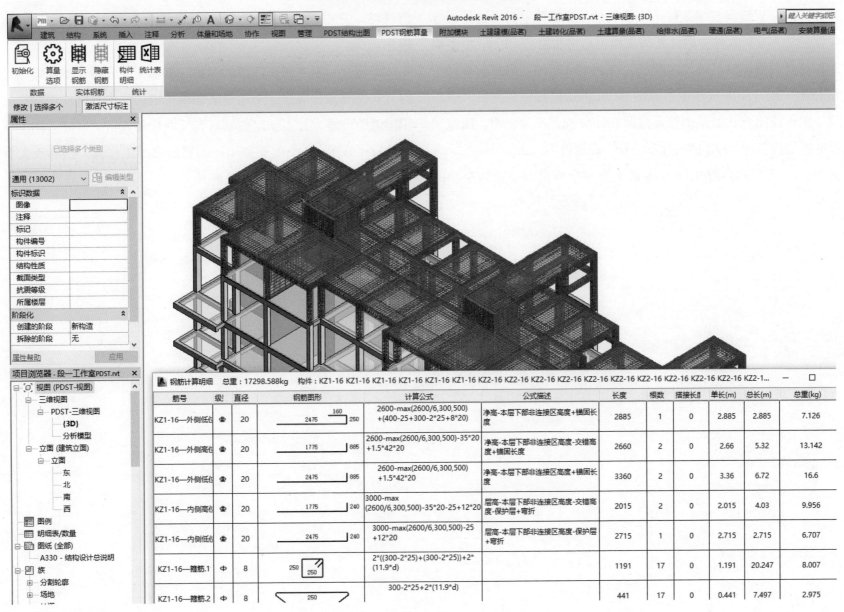

图　3-29

这种方式在现阶段技术条件下本质仍然是二次配筋，也就是说继承的仅仅是受力分析软件中的计算数据而不是钢筋信息，Revit 中生成的钢筋是通过配筋率进行的二次配筋，与 PKPM 等结构分析软件出图的配筋并不一致。如果是基于生成的 Revit 钢筋进行平法出图，则图模一致，工作流闭合；如果仍然是按照 PKPM 配筋平法出图，则施工图纸里的钢筋信息与 Revit 钢筋并不一致，即图模不一致。

此外，当已有的参数化族不能满足受力分析模型中较为复杂的构件时，翻模而成的 Revit 模型很可能丢失部分构件或生成错误的构件。

即使受到上述两个环节的制约，继承受力分析模型数据生成钢筋的方式仍然大有前途。采用平法翻模生成钢筋毕竟制约于操作人员对于图纸的理解，并不一定能够真实反映设计人员的实际意图。但是如果建立了在 Revit 中配筋并出图的正向设计工作流，能够大大提高图模一致性，并反映设计的真实意图。

第四章

国内 BIM 算量解决途径

从前文已知，由于我国计量计价的实际环境，面对各省市的各类清单定额计算规则，需要按照相应规则定制扣减关系等进行数据处理。对于多数用户来说，他们没有精力去定制庞大的数据库，因此通常借助于集成了相应数据库的各类 BIM 算量软件产品。

4.1 国内 BIM 算量解决途径概述

国内 BIM 算量有三类解决途径（图 4-1）。

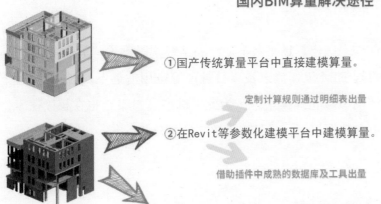

国内BIM算量解决途径

① 国产传统算量平台中直接建模算量。

定制计算规则通过明细表出量

② 在Revit等参数化建模平台中建模算量。

借助插件中成熟的数据库及工具出量

③ Revit等平台建模，将模型导入国产平台算量。

图 4-1

① 在国产算量平台中直接建模算量：国产建模算量平台大多功能较为单一，仅仅服务于工程计量，且早期版本数据交换相对封闭，但经过十余年的发展和行业检验，应用已较为普及。同时随着 BIM 概念的普及，国产算量平台的数据接口也逐渐丰富。国产平台预定义了各类构件，无须对实体模型构件再次定义，在计量准确度和学习成本上有一定优势，但是构件承载的信息较少，且模型视觉表现上也差强人意。

② 在以 Revit、AECOsim Building Designer 系列软件为代表的参数化建模平台中借助算量插件建模算量：这些参数化建模平台模型本身的应用十分丰富，覆盖设计、施工、运维等各方面，而且具有构件信息丰富、模型数据交互方式广泛等优点，是现阶段 BIM 应用的主流。通过算量插件中的数据库对实体模型实物量进行处理，可获得符合国内计量规则的清单量。但是在通过实体模型建立算量模型的过程中需要对模型构件进行定义，这一环节如果发生错误将影响工程量准确性。

③ 将 Revit 等参数化建模平台的模型数据导入广联达、鲁班等国产算量平台：这一做法可在模型建立及模型各类应用过程中保留 Revit 的优势，同时在算量这一使用需求中兼顾一部分熟悉国产算量平台的

操作人群，降低学习成本。但是在模型信息传递中可能产生数据丢失，影响工程量准确性。

4.2 方式一：在国产算量平台中直接建模算量

国产算量平台身上多多少少保留了时代特色，许多产品甚至是基于 AutoCAD 平台的插件，这些都是计算机软硬件发展过程中留下的痕迹。随着时代的发展，国产软件商依托积累的数据库以及客户资源，或是在 Revit 等参数化建模平台中争夺市场，或是对自己的平台更新换代。图 4-2 为国产算量平台的两类模式。

国产算量平台拥有轻量化、学习成本低、对计价软件友好度高等优势，同时由于建模方式是先预定义构件后搭建模型（图 4-3），避免了 Revit 等模型中对构件进行类型定义的步骤，工程量准确性得到了较高的保证。

轻量化代表着对计算机资源需求较低，学习成本低的背后是庞大基层造价人员的固有使用习惯和认知。国产算量平台凭借上述优势至今仍然占据大量市场，但是这种预定义构件的方式也限制了模型构件的自由度和复杂度，软件内置的构件界面类型或建模工具无法实现的构件形状无法建立，例如结构找坡变截面筏板基础等构件。

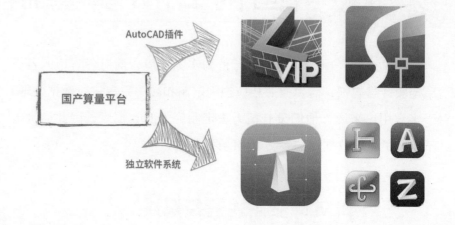

图　4-2

此外，国产算量平台早期产品始终摆脱不了"单项应用"的帽子，对于打通 BIM 工作流以及项目管理等应用上远不及 Revit 等上下游应用广泛的参数化建模平台。为此，国产算量平台也在积极探索，或是开放更多数据接口，或是提供更多应用软件。

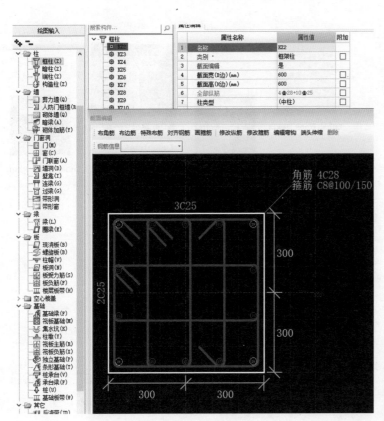

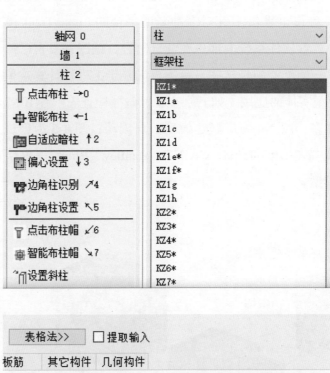

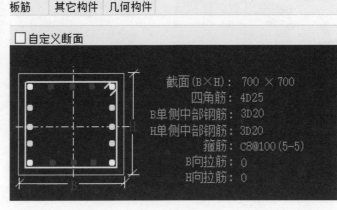

图 4-3

广联达不但支持国际标准格式 IFC，还推出了针对 Revit 优化的 GFC 系列插件，鲁班也推出了针对多种新型平台的 LubanTrans 模型转换插件。此外，各软件系统内部也在尝试整合，试图普及自己的工程整体解决方案。最重要的是这些平台不再局限于工程量计算这单一应用点，对于模型实体的应用（如三维查看、碰撞检查等工程 BIM 应用）同样着墨颇多。图 4-4 为广联达模型数据流动；图 4-5 为鲁班万通系列插件，支持 Revit、Tekla、Civil3D、Bentley、Rhino 等模型在 Builder 端查看模型。

鲁班万通系列插件

将Tekla模型导出Luban Builder模型

将Civil3D模型导出为Luban Builder模型

LubanTrans_Civil3D

LubanTrans_Tekla

LubanTrans_Bentley

LubanTrans_Revit

将Revit模型导出为LBIM模型
或Luban Builter模型，也可
将LBIM模型导入至Revit

LubanTrans_Rhino

基于Bentley公司的
MicroStation CONNECT Edition Update7平台
将Bentley模型导出为Luban Builder模型

将Rhino模型导出为Luban Builder模型

图 4-5

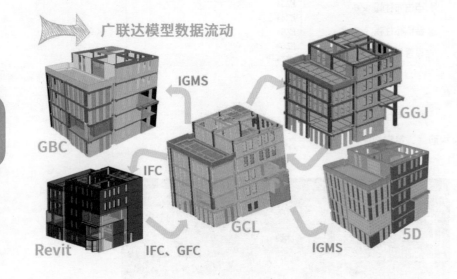

广联达模型数据流动

图 4-4

4.3 方式二：在参数化建模平台中建模算量

以 Revit 为代表的参数化建模平台，在广泛的 BIM 应用中拥有无可比拟的优势。模型构件中包含的信息数据丰富、种类繁多、上下游数据接口广阔，在管理上打通了各方的工作流，在具体实现上应用广泛，例如碰撞检查、施工模拟、仿真漫游、实时渲染等（图 4-6）。

图 4-6

图 4-7

Revit 的优势众多，构件信息中也包含几何尺寸等数据，但是由于我国各省市清单定额计算规则的影响，无法直接汇总用于工程造价的清单量，需要按照相应计算规则定制数据处理原则及构件扣减关系等。定制扣减关系的方式大致有两类：实体模型物理扣减和在计算式中通过数据扣减，具体参见本书第三章。

各省市计算规则是庞大的数据库，计算式调整数值需要调用或补充大量参数，这两个方面的工作量十分巨大，Revit 算量插件应运而生。毕竟对于多数用户来说，没有必要将时间和精力花费在定制数据或修改模型上，借用 Revit 算量插件中已有的成熟数据库更加便捷。

如今，Revit 算量插件种类繁多，除了 Autodesk 旗下的 Quantification 系列产品外，多数是国产算量平台推出的产品。这些平台既拥有庞大的数据库，又懂得工程造价人员的需求，同时相应的计价软件在各自的省份地区有一定优势。图 4-7 为市面上各类 Revit 算量插件。

4.4　方式三：将参数化建模平台的模型导入国产算量平台

Revit 模型可以通过插件将模型数据导到其他平台进行汇总计算，例如以 rlbim 格式导入鲁班土建、以 GFC 格式导入广联达 GCL 等。与国产算量平台直接建模相比，这种方式可以更好地利用 Revit 模型建立时的参数化优势；与 Revit 平台直接插件算量相比，对计算机的资源需求更少，同时可以更好地利用国产算量平台完善的清单定额等资源。

需要注意的是，数据导入导出过程中可能造成数据的丢失。尤其是当国产算量平台没有对应的构件类型或无法完成几何体创建时，会导致对应的 Revit 构件信息无法传递。

另外，与 Revit 平台插件计算类似，使用导出方法时同样需要将 Revit 模型与算量模型进行映射。也就是说模型信息需要传递两次，传递环节较多。而每一次数据传递环节都可能产生信息偏差，从而导致导入国产算量平台的模型数据不准确。这就需要操作人员对于模型构件类型有基本的认识。

国内 BIM 算量采用以上三种不同方式时，数据传递次数如下：方式一由于是先定义构件后建模，因此不存在数据转换的问题，数据传递次数为 0。方式二需要对已有构件进行定义，存在 1 次数据传递。方式三除了构件定义并导出外，还额外增加导入国产算量平台的环节，数据传递次数为 2 次。

数据传递次数越多，可能产生的传递错误或数据丢失的可能性就越大，因此将工作流反转也是目前较为流行的方式之一，即先在国产算量平台中建模计算工程量保证准确性，之后再导入 Revit 进行其他应用。

BIM 最大的优势之一是数据传递、信息共享，各国产算量平台多多少少开放了一些数据接口，例如国际标准格式 IFC 等。这些数据接口使得模型从国产算量平台流动到 Revit 成为了可能。逆工作流示意

图如图 4-8 所示。

逆工作流示意图

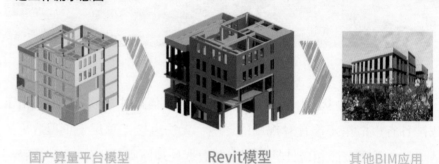

国产算量平台模型　　　Revit模型　　　其他BIM应用

图　4-8

在国产算量平台建模算量再导入 Revit 进行其他应用的方式兼顾了工程量的准确性，但是模型不具备材质信息，仍需在 Revit 中进行完善。

第五章 CHAPTER 5　Revit 模型算量实操

工程计量背后的原理有一定复杂性，但是在实际生产中，具体的工作流，尤其是在软件操作层面的使用流程，往往相对固定，易于掌握。本章将以 Revit 模型算量最具代表性的两类方式为例，以某工程为案例，演示软件层面的操作。由于篇幅限制，案例工程内容有所简化，仅针对主要构件进行说明。

5.1　Revit 插件算量通用流程

5.1.1　Revit 模型土建算量通用流程

Revit 模型构件中包含丰富的数据，其中也包括几何尺寸信息。依据几何尺寸可以统计构件的体积及表面积，为计量混凝土体积、模板面积、砌体体积提供了数据基础。

前文已多次提到需要定制清单定额计算规则，将 Revit 实体模型转化为计量模型（图 5-1），而转化的过程是通过对构件进行算量属性定义实现的。

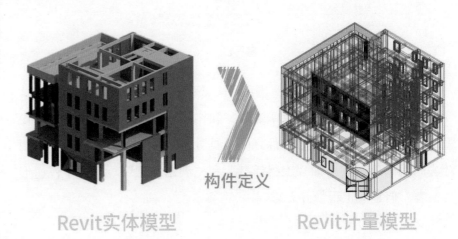

构件定义

Revit实体模型　　Revit计量模型

图　5-1

Revit 模型土建算量通用流程为：基本设置→楼层定义→构件定义→套用做法→汇总计算→报表出量（图 5-2）。

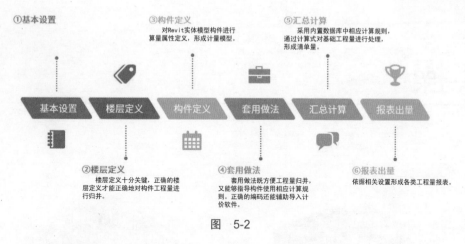

① 基本设置

③ 构件定义
对Revit实体模型构件进行
算量属性定义，形成计量模型。

⑤ 汇总计算
采用内置数据库中相应计算规则，
通过计算式对基础工程量进行处理，
形成清单量。

基本设置　楼层定义　构件定义　套用做法　汇总计算　报表出量

② 楼层定义
楼层定义十分关键，正确的楼
层定义才能正确地对构件工程量进
行归并。

④ 套用做法
套用做法既方便工程量归并，
又能够指导构件使用相应计算规
则。正确的编码还能辅助导入计
价软件。

⑥ 报表出量
依据相关设置形成各类工程量报表。

图　5-2

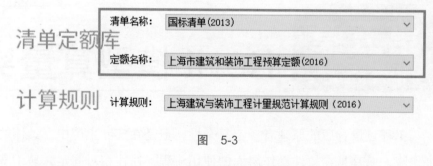

图　5-3

上述流程中，有以下注意事项。

① 在基本设置中，"计算规则"和"清单定额库"这两项必须设置（图 5-3），前者决定了构件之间数据处理的依据，后者决定了套用做法的编码库。其余如"工程信息"和"编制信息"等有利于快速形成报表，但是对工程量并无影响。

② 在楼层定义中，需注意结合图纸对楼层标高进行取舍，建立正确的算量楼层（图 5-4）。在 Revit 模型建立过程中可能形成了大量的辅助标高或辅助平面，这些辅助标高或平面并不是楼层平面。

③ 在构件定义中，对于构件的算量类型要有清晰的认识。虽然多数插件都提供了根据构件族名称辅助自动识别构件类型的功能，但是对于复杂构件或自建族仍然无法有效自动识别，需要操作人员手动定义。构件未定义或定义不正确都会导致建立错误的计量模型，造成工程量产生偏差。

图　5-4

5.1.2　Revit 模型装饰算量通用流程

本书第三章已经介绍过初装修采用装饰面进行计量的原因及具体实施方式，Revit 同样采用装饰面计量初装修。基于已有土建模型的 Revit 初装修算量流程为：在土建模型基础上布置装饰面→套用做法→汇总计算→报表出量（图 5-5）。

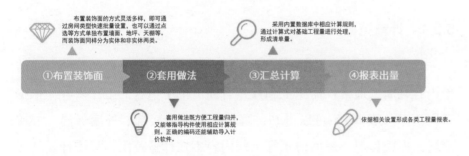

图　5-5

其中布置装饰面的方式灵活多样，既可通过房间类型快速批量设置（图 5-6），也可以通过点选等方式单独布置墙面、地坪、天棚等。而装饰面同样分为实体和非实体两类。

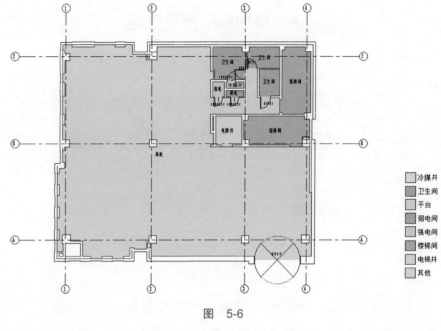

图　5-6

5.1.3　Revit 模型钢筋算量通用流程

本书第三章已经介绍过钢筋算量的两类方式，即输入平法信息方式和继承计算数据方式。

输入平法信息方式是指借助已有模型，在构件中补充钢筋平法信息，因此采用这类方式的 Revit 模型钢筋算量流程与土建算量流程类似，即为：计算规则等基本设置→楼层定义→构件定义→钢筋设置→布置钢筋→汇总计算→报表出量（图 5-7）。

Revit模型钢筋算量流程

①基本设置
十分重要，直接影响钢筋工程量。基本设置包括抗震等级、混凝土标号、G101图集选用、钢筋比重、连接方式、定尺、弯钩、节点等。

②楼层定义
楼层定义十分关键，正确的楼层定义才能正确地对构件工程量进行归并。
Revit模型建立时往往会设置许多辅助标高或平面，需注意这些辅助标高或平面不能设置为楼层。

③构件定义
对Revit实体模型构件进行算量属性定义。

④钢筋设置
按不同构件类型输入钢筋平法信息。

⑤布置钢筋
按构件类型生成钢筋数据，并按实际需求补充洞口加强筋等构造筋及马镫等措施筋。

⑥汇总计算
按钢筋牌号及钢筋直径进行统计计算。

⑦报表出量
依据相关设置形成各类工程量报表。

图 5-7

值得注意的是，对于基本设置，钢筋算量要比土建算量更为严格，关键参数的设置直接影响工程量的准确性。后续案例实操中将详细介绍。

5.2 软件操作之前的准备工作

工程计量的依据主要有两方面，一是以界面划分表及计价清单等为代表的合约文件，二是由施工图纸和相关规范构成的技术文件。

在实际生产中发包方式通常比较灵活，部分施工内容存在"甲指分包"的情况，或者工程作为待出售的业态让渡部分施工内容于购房者（即"小业主"），所以并非图纸上所有内容均需施工，也并非由同一家单位施工。而施工界面划分表正是不同单位之间明确施工内容的重要合约文件，同时也是划分计量范围的依据。

计价清单一方面是工程量归并的依据，另一方面也约定了计量规则，例如钢筋工程量是否计算马镫等措施筋、防水是否计算上翻部分等。

施工图纸中的数据信息不仅仅是构件的几何尺寸，也提供了各类基本参数，例如标高决定了楼层归并，混凝土标号和抗震等级直接影响钢筋工程量等。

以上各项，对工程量准确性有根本影响，在对模型进行操作前，需心中有数。

5.2.1 计量范围分析

"简单小案例"工程未提供施工界面划分表，但也可通过合同清单内容判断，通常仅需施工和计量合同清单中包含的工作内容。依据合同清单（表5-1）可以得知，幕墙、门窗、楼梯、外墙保温、外墙涂料、屋面保温、屋面防水等工作内容不在计量范围，只需计量结构构件及初装修等合同清单中包含的项目即可。

5.2.2 计量规则分析

依据合同清单以及装修做法表（表5-2），可以得知钢筋定尺长度按10m考虑，不计算马镫等措施筋、洞口加强筋等构造筋、直螺纹套筒等接头工程量；墙面装修不计算门窗洞口和孔洞的侧壁及顶面工程量；防水不计算反边高度、搭接及附加层工程量。

表 5-1　简单小案例合同清单

序号	编码	名称	单位	计算规则说明
混凝土工程				
1	010502001001	矩形柱	m³	按设计图示尺寸以体积计算。不扣除构件内钢筋、预埋铁件所占体积
	01-5-2-1 换	预拌混凝土（泵送）矩形柱 预拌混凝土（泵送型）C30 粒径 5~25 预拌混凝土（泵送型）C30 粒径 5~25	m³	
2	010504001001	直形墙	m³	
	01-5-4-1 换	预拌混凝土（泵送）直形墙、电梯井壁 预拌混凝土（泵送型）C30 粒径 5~25 预拌混凝土（泵送）C30 粒径 5~25	m³	
3	010505001001	有梁板	m³	
	01-5-5-1 换	预拌混凝土（泵送）有梁板 预拌混凝土（泵送型）C30 粒径 5~25 预拌混凝土（泵送型）C30 粒径 5~25	m³	
钢筋工程				
4	010515001001	现浇构件钢筋（包含措施筋）（热轧钢筋 HPB300）	t	按设计图示钢筋长度乘单位理论质量计算。钢筋定尺长度按 10m 考虑，不计算马镫等措施筋，不计算洞口加强筋等构造筋，不计算直螺纹套筒等接头，均在综合单价中综合考虑
	01-5-11-18	钢筋	t	
5	010515001002	现浇构件钢筋（包含措施筋）（热轧钢筋 HRB400）	t	
	01-5-11-18	钢筋	t	
6	010515001003	现浇构件钢筋（包含措施筋）（热轧钢筋 HRB400E）	t	
	01-5-11-18	钢筋	t	
砌体工程				
7	010402001001	砌块墙	m³	按设计图示尺寸以面积计算
	01-4-2-4	砂加气混凝土砌块	m³	
装饰装修工程				
8	011101001001	水泥砂浆楼地面 D1-1	m²	按设计图示尺寸以面积计算
	01-11-1-15	干混砂浆找平层 混凝土及硬基层上 20mm 厚 干混地面砂浆 DS M20.0	m²	

（续）

序号	编码	名称	单位	计算规则说明
		装饰装修工程		
9	011102003001	防滑地砖地面 D2-1	m²	按设计图示尺寸以面积计算
	01-11-1-15	干混砂浆找平层 混凝土及硬基层上 20mm 厚 干混地面砂浆 DS M20.0	m²	
	01-9-4-4	楼（地）面防水、防潮 聚氨酯防水涂膜 1.5mm 厚	m²	
	01-11-2-13	地砖楼地面干混砂浆铺贴 每块面积 0.1m² 以内 干混地面砂浆 DS M20.0	m²	
10	011104002001	浮筑地板地面 D3-1	m²	
	01-11-4-12	智能化活动地板	m²	
11	011202001001	水泥石灰砂浆墙面 Q1-1	m²	按设计图示尺寸以面积计算
	01-12-2-2	柱、梁面找平层 15mm 厚　干混抹灰砂浆 DP M20.0 干混抹灰砂浆 DP M20.0	m²	
12	011201001001	乳胶漆涂料墙面 Q2-1	m²	
	01-14-5-23	刮腻子 每增减一遍	m²	
	01-14-5-9	乳胶漆 每增一遍	m²	
	01-14-5-2	墙面 每增加一遍调和漆	m²	
13	011407002001	防霉防潮涂料顶棚 P1-1	m²	按设计图示尺寸，带梁天棚、梁两侧抹灰面积并入天棚面积内计算
	01-14-5-8	乳胶漆 室内顶棚面 两遍	m²	
		混凝土模板及支架（撑）		
14	011702011001	直形墙模板	m²	按模板与现浇混凝土构件的接触面积计算。柱、梁、墙、板相互连接的重叠部分，均不计算模板面积
	01-17-2-29	复合模板 直形墙	m²	
15	011702002001	矩形柱模板	m²	
	01-17-2-53	复合模板 矩形柱	m²	
16	011702014001	有梁板模板	m²	
	01-17-2-74	复合模板 有梁板	m²	

注：1. 外墙保温、外墙涂料、屋面保温、屋面防水由精装单位施工，不在计量范围内。
　　2. 门窗由精装单位施工，不在计量范围内。
　　3. 幕墙由幕墙单位施工，不在计量范围内。
　　4. 楼梯由钢结构单位施工，不在计量范围内。

表 5-2　简单小案例装修做法表

房间	地坪		墙面		顶棚	
	名称	做法	名称	做法	名称	做法
强电间	水泥砂浆楼地面 D1-1	（1）20 厚 DS20，表面撒水泥粉抹压平整 （2）水泥砂浆一道（内掺建筑胶） （3）钢筋混凝土楼板	乳胶漆涂料墙面 Q2-1	（1）乳胶涂料一道 （2）内墙涂料一道 （3）封闭底涂料一道 （4）108 胶水溶液一道 （5）满刮腻子一道找平 （6）基层墙体	防霉防潮涂料顶棚 Pl-1	（1）防霉防潮涂料一底二度 （2）封底漆一道 （3）3 厚 DP20 砂浆找平 （4）5 厚 DP20 打底扫毛或划出纹道 （5）素水泥砂浆一道（内掺建筑胶） （6）钢筋混凝土楼板
弱电间	水泥砂浆楼地面 D1-1	（1）20 厚 DS20，表面撒水泥粉抹压平整 （2）水泥砂浆一道（内掺建筑胶） （3）钢筋混凝土楼板	乳胶漆涂料墙面 Q2-1	（1）乳胶涂料一道 （2）内墙涂料一道 （3）封闭底涂料一道 （4）108 胶水溶液一道 （5）满刮腻子一道找平 （6）基层墙体	防霉防潮涂料顶棚 Pl-1	（1）防霉防潮涂料一底二度 （2）封底漆一道 （3）3 厚 DP20 砂浆找平 （4）5 厚 DP20 打底扫毛或划出纹道 （5）素水泥砂浆一道（内掺建筑胶） （6）钢筋混凝土楼板
冷媒井	水泥砂浆楼地面 D1-1	（1）20 厚 DS20，表面撒水泥粉抹压平整 （2）水泥砂浆一道（内掺建筑胶） （3）钢筋混凝土楼板	乳胶漆涂料墙面 Q2-1	（1）乳胶涂料一道 （2）内墙涂料一道 （3）封闭底涂料一道 （4）108 胶水溶液一道 （5）满刮腻子一道找平 （6）基层墙体	防霉防潮涂料顶棚 Pl-1	（1）防霉防潮涂料一底二度 （2）封底漆一道 （3）3 厚 DP20 砂浆找 平 （4）5 厚 DP20 打底扫毛或划出纹道 （5）素水泥砂浆一道（内掺建筑胶） （6）钢筋混凝土楼板
电梯井	无装饰	无装饰	水泥石灰砂浆墙面 Ql-1	（1）5 厚 DP20 找平 （2）9 厚 DP20 打底扫毛或划出纹道 （3）刷素水泥浆一道（内掺建筑胶） （4）基层墙体	无装饰	无装饰
卫生间	防滑地砖地面 D2-1	（1）10 厚防滑砖，干水泥擦缝 （2）20 厚 DS20 结合层，表面撒水泥粉 （3）水泥砂浆一道（内掺建筑胶） （4）钢筋混凝凝土楼板	水泥石灰砂浆墙面 Ql-1	（1）5 厚 DP20 找 平 （2）9 厚 DP20 打底扫毛或划出纹道 （3）刷素水泥浆一道（内掺建筑胶） （4）基层墙体	防霉防潮涂料顶棚 Pl-1	（1）防霉防潮涂料一底二度 （2）封底漆一道 （3）3 厚 DP20 砂浆找平 （4）5 厚 DP20 打底扫毛或划出纹道 （5）素水泥砂浆一道（内掺建筑胶） （6）钢筋混凝土楼板

（续）

房间	地坪			墙面		顶棚	
	名称	做法		名称	做法	名称	做法
茶水间	防滑地砖地面 D2-1	（1）10 厚防滑砖，干水泥擦缝 （2）20 厚 DS20 结合层，表面撒水泥粉 （3）水泥砂浆一道（内掺建筑胶） （4）钢筋混凝土楼板		水泥石灰砂浆墙面 Q1-1	（1）5 厚 DP20 找平 （2）9 厚 DP20 打底扫毛或划出纹道 （3）刷素水泥浆一道（内掺建筑胶） （4）基层墙体	防霉防潮涂料顶棚 P1-1	（1）防霉防潮涂料一底二度 （2）封底漆一道 （3）3 厚 DP20 砂浆找平 （4）5 厚 DP20 打底扫毛或划出纹道 （5）素水泥砂浆一道（内掺建筑胶） （6）钢筋混凝土楼板
清洁间	防滑地砖地面 D2-1	（1）10 厚防滑砖，干水泥擦缝 （2）20 厚 DS20 结合层，表面撒水泥粉 （3）水泥砂浆一道（内掺建筑胶） （4）钢筋混凝土楼板		水泥石灰砂浆墙面 Q1-1	（1）5 厚 DP20 找平 （2）9 厚 DP20 打底扫毛或划出纹道 （3）刷素水泥浆一道（内掺建筑胶） （4）基层墙体	防霉防潮涂料顶棚 P1-1	（1）防霉防潮涂料一底二度 （2）封底漆一道 （3）3 厚 DP20 砂浆找平 （4）5 厚 DP20 打底扫毛或划出纹道 （5）素水泥砂浆一道（内掺建筑胶） （6）钢筋混凝土楼板
楼梯间	水泥砂浆楼地面 D1-1	（1）20 厚 DS20，表面撒水泥粉抹压平整 （2）水泥砂浆一道（内掺建筑胶） （3）钢筋混凝土楼板		乳胶漆涂料墙面 Q2-1	（1）乳胶涂料一道 （2）内墙涂料一道 （3）封闭底涂料一道 （4）108 胶水溶液一道 （5）满刮腻子一道找平 （6）基层墙体	防霉防潮涂料顶棚 P1-1	（1）防霉防潮涂料一底二度 （2）封底漆一道 （3）3 厚 DP20 砂浆找平 （4）5 厚 DP20 打底扫毛或划出纹道 （5）素水泥砂浆一道（内掺建筑胶） （6）钢筋混凝土楼板
餐厅	浮筑地板 D3-1	（1）浮筑地板 （2）钢筋混凝土楼板		水泥石灰砂浆墙面 Q1-1	（1）5 厚 DP20 找平 （2）9 厚 DP20 打底扫毛或划出纹道 （3）刷素水泥浆一道（内掺建筑胶） （4）基层墙体	防霉防潮涂料顶棚 P1-1	（1）防霉防潮涂料一底二度 （2）封底漆一道 （3）3 厚 DP20 砂浆找平 （4）5 厚 DP20 打底扫毛或划出纹道 （5）素水泥砂浆一道（内掺建筑胶） （6）钢筋混凝土楼板
办公室	浮筑地板 D3-1	（1）浮筑地板 （2）钢筋混凝土楼板		水泥石灰砂浆墙面 Q1-1	（1）5 厚 DP20 找平 （2）9 厚 DP20 打底扫毛或划出纹道 （3）刷素水泥浆一道（内掺建筑胶） （4）基层墙体	防霉防潮涂料顶棚 P1-1	（1）防霉防潮涂料一底二度 （2）封底漆一道 （3）3 厚 DP20 砂浆找平 （4）5 厚 DP20 打底扫毛或划出纹道 （5）素水泥砂浆一道（内掺建筑胶） （6）钢筋混凝土楼板

注：1. 楼地面防水按主墙间净空面积计算，不计算防水反边高度，搭接及附加层用量不另行计算，在综合单价中考虑。

2. 墙面不计算门窗洞口和孔洞的侧壁及顶面工程量，在综合单价中考虑。

5.2.3　图纸参数分析

依据结构总说明（图 5-8）可以获得抗震等级、混凝土标号等信息，这些与钢筋计算有关。其余结构、建筑图纸详见本书配套资源。

楼层	底标高	层高
顶层	21.300	
1	−0.050	4.500
2	4.450	4.200
3	8.650	4.200
4	12.850	4.200
5	17.050	4.250

结构形式：框架结构
抗震设防烈度：8
抗震等级：二级抗震
未特殊说明，所有构件混凝土标号均为C30

图　5-8

5.3　Revit 平台插件方式（以晨曦插件为例）

Revit 本质是参数化建模平台，Revit 模型构件本身包含的大量信息足以支撑下游广泛应用，例如在设计端作为分析模型、在审图端的碰撞检查、在施工端用于施工模拟等。在采用实物量作为工程结算的国家或地区，Revit 及 Navisworks 也能够借助明细表或 Quantification 插件统计材料数量，对工程构件计数。由于我国清单定额计算规则的原因，实物量不能用于工程造价，Revit 模型无法直接作为计量模型，在 Quantification 中仅仅引入清单编码的方式也不可行。Revit 模型在国内作为计量模型必须定制包含编码和计算规则的数据库，其中借助商业化产品的途径有两类：模型数据导入其他算量平台或在 Revit 平台使用较为成熟的算量插件。

拥有大量清单定额数据库的国产平台厂商在算量插件方面拥有较大优势。市面上 Revit 算量产品中不难看到斯维尔、品茗、晨曦等国产平台厂商的身影，其中晨曦 BIM 算量插件可完成土建、装饰、钢筋计量工作。除了计量功能外，晨曦插件也提供了常用模型工具，辅助模型建立及优化工作（图 5-9）。

5.3.1　土建部分

结构构件工程量计算较为简单，通常是构件体积（计算混凝土）或构件接触面积（计算模板）。Revit 模型构件中已包含几何尺寸信息等数据，只需对构件进行合理定义即可获得符合要求的工程量。

上文所述的合理定义，一是楼层的正确归并，二是构件工程量的正确归并。

单击"工程设置"，在"楼层设置"中即可对楼层标高进行修改。对照图纸中的楼层表或结构图获取正确的楼层信息（图 5-8），并对其余标高或平面进行舍弃。本工程中存在的种植挡墙标高等辅助标高非楼层标高，不能勾选（图 5-10）。这一步的目的是为了保证楼层的正确归并。

土建算量

钢筋算量

晨曦 BIM 算量插件

辅助工具

图 5-9

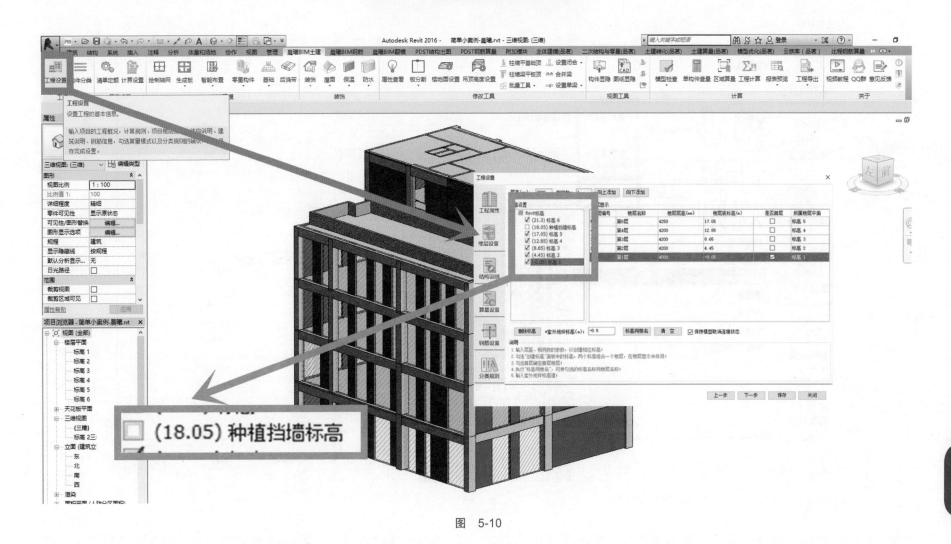

图　5-10

注意在"算量设置"中对编码及计算规则进行设置（图 5-11）。

将 Revit 模型与算量模型进行对应关联，从具体操作角度上即对 Revit 模型构件进行属性定义。该功能在不同软件中的名称有些差异，

在新点、斯维尔、品茗等插件中是"模型构件映射"，在广联达 GFC 插件中是"构件转化"，在晨曦插件中被称为"构件分类"。

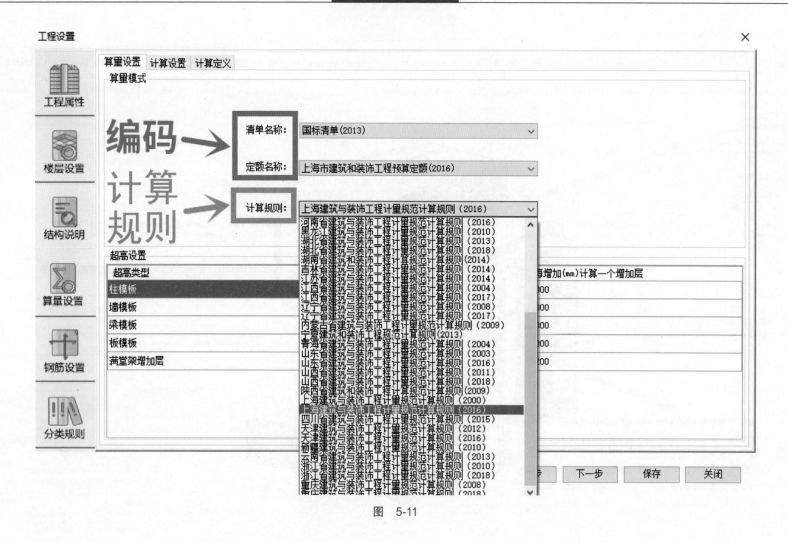

图 5-11

构件分类功能的意义在于对 Revit 模型构件正确赋予算量模型中扮演的角色，而错误的构件分类无法获得正确的算量结果。分类类型将影响统计内容、计算规则、数值归并方式，未全部分类更是会直接造成构件丢失。

单击"构件分类"，对 Revit 模型构件的算量属性进行定义，建立计量模型。Revit 模型构件在算量模型中的属性类型可以通过下拉菜单进行调整（图 5-12）。仔细核对已分类构件的算量类型是否正确，并对未分类构件进行定义（图 5-13）。

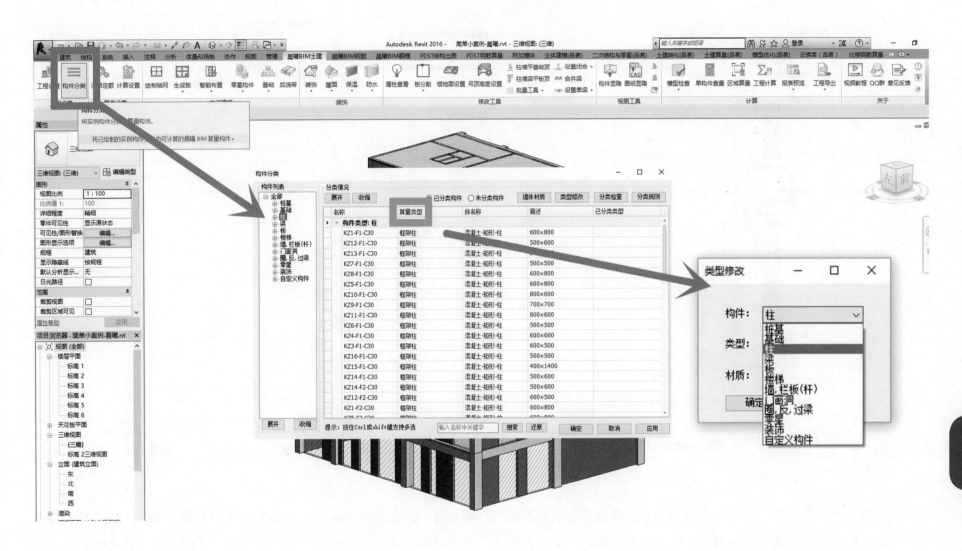

图　5-12

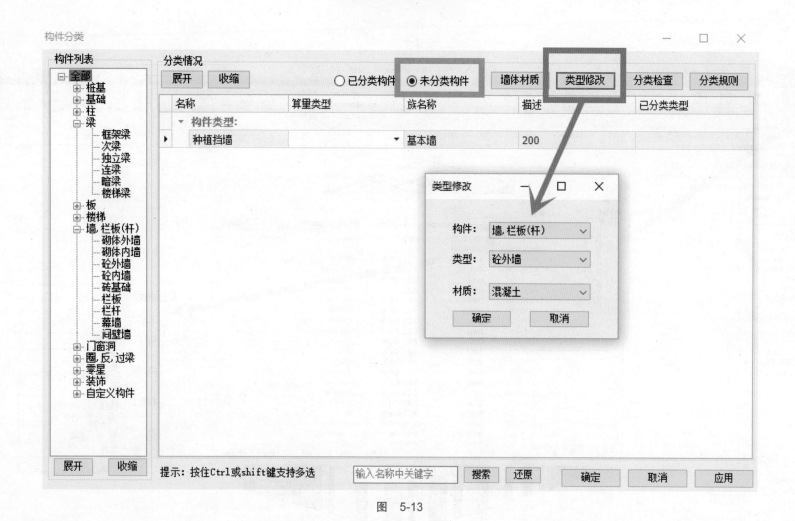

图　5-13

　　为提高构件转化效率，晨曦插件提供了基于构件名称辅助识别的工具，通过构件中的关键字可快速判断转化类型。单击"分类规则"，可以在弹出的对话框中对关键字字段进行修改或增加。框架柱构件关键字中已有字段"KZ"，因此模型中所有包含"KZ"的构件已判断为框架柱。若在框架柱构件的关键字中添加字段"DR"，则模型中名称包含"DR"的构件会优先判断为框架柱（图 5-14）。对关键字的增加或修改也可以在"工程设置"的"分类规则"中完成（图 5-15）。

　　构件分类的目的是为了保证构件工程量的正确归并。

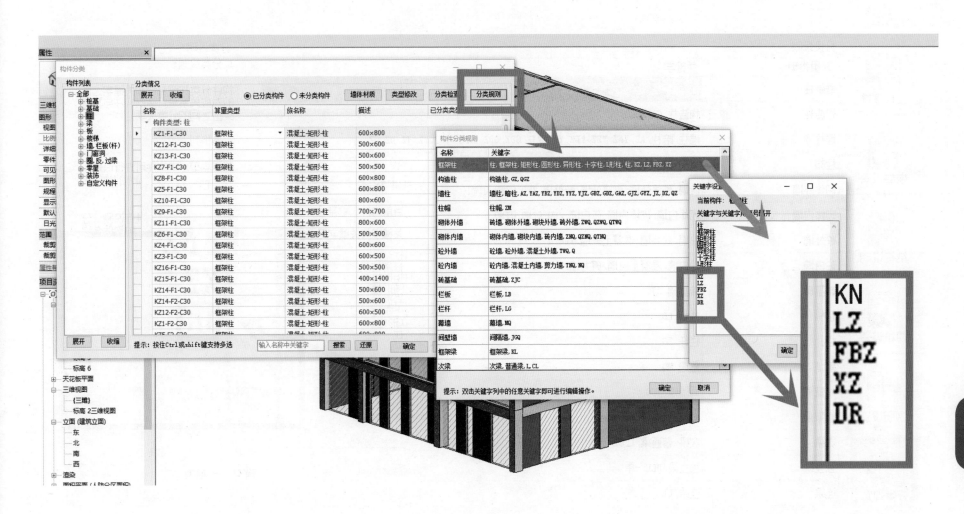

图　5-14

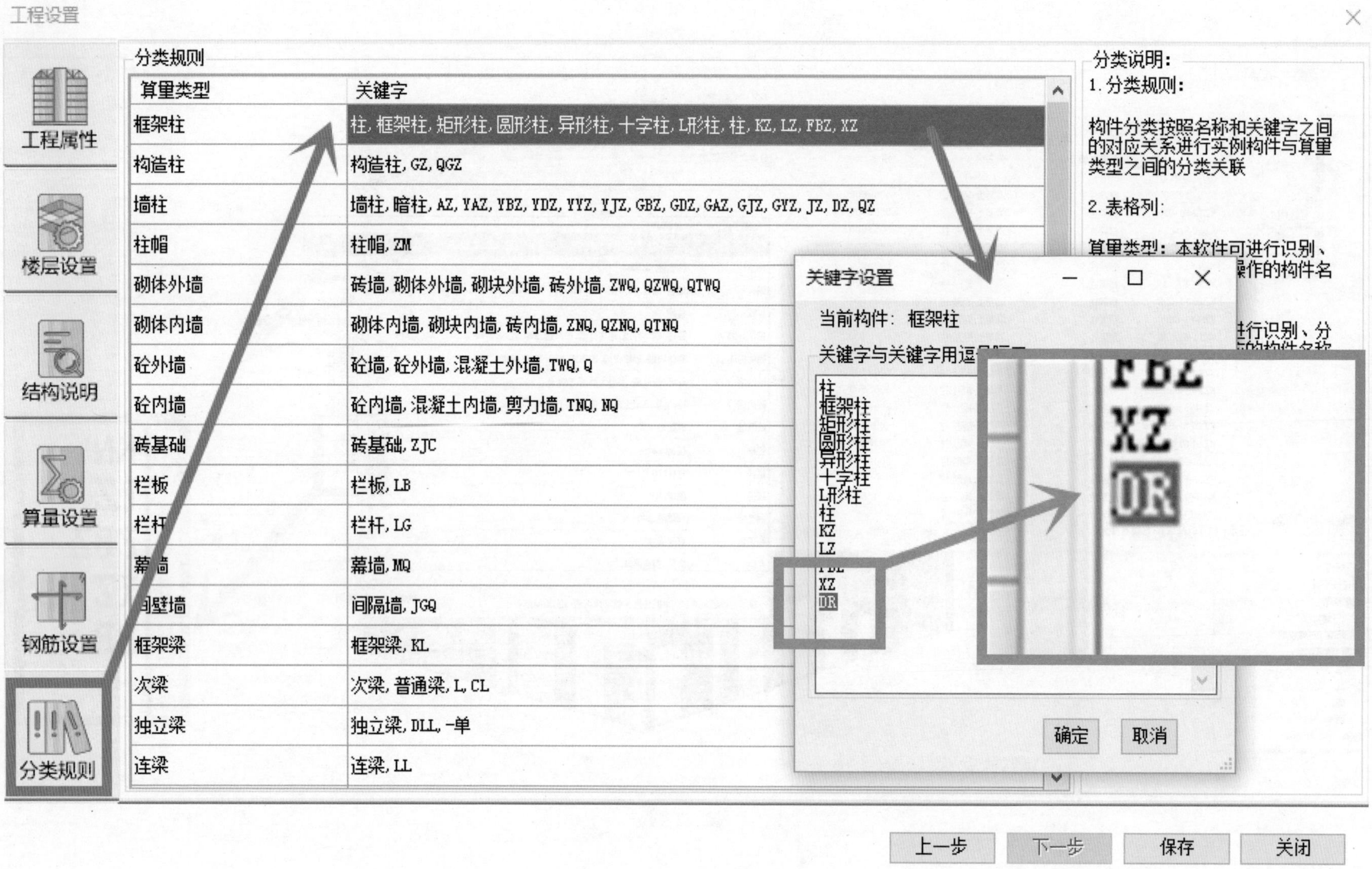

工程设置   ✕

分类规则			分类说明:

算量类型	关键字
框架柱	柱, 框架柱, 矩形柱, 圆形柱, 异形柱, 十字柱, L形柱, 柱, KZ, LZ, FBZ, XZ
构造柱	构造柱, GZ, QGZ
墙柱	墙柱, 暗柱, AZ, YAZ, YBZ, YDZ, YYZ, YJZ, GBZ, GDZ, GAZ, GJZ, GYZ, JZ, DZ, QZ
柱帽	柱帽, ZM
砌体外墙	砖墙, 砌体外墙, 砌块外墙, 砖外墙, ZWQ, QZWQ, QTWQ
砌体内墙	砌体内墙, 砌块内墙, 砖内墙, ZNQ, QZNQ, QTNQ
砼外墙	砼墙, 砼外墙, 混凝土外墙, TWQ, Q
砼内墙	砼内墙, 混凝土内墙, 剪力墙, TNQ, NQ
砖基础	砖基础, ZJC
栏板	栏板, LB
栏杆	栏杆, LG
幕墙	幕墙, MQ
间壁墙	间隔墙, JGQ
框架梁	框架梁, KL
次梁	次梁, 普通梁, L, CL
独立梁	独立梁, DLL, -单
连梁	连梁, LL

工程属性
楼层设置
结构说明
算量设置
钢筋设置

分类规则

分类说明:
1. 分类规则:

构件分类按照名称和关键字之间的对应关系进行实例构件与算量类型之间的分类关联

2. 表格列:

算量类型: 本软件可进行识别、
...操作的构件名
...行识别、分
...的构件名称

关键字设置   —   □   ✕

当前构件: 框架柱

关键字与关键字用逗号隔...

柱
框架柱
矩形柱
圆形柱
异形柱
十字柱
L形柱
柱
KZ
LZ
FBZ
XZ
OR

FBZ
XZ
OR

确定   取消

上一步   下一步   保存   关闭

图　5-15

清单编码是构件工程量分类归并的依据，通常不同清单项的单价可能并不一致，因此需依据合同清单（表 5-3）对构件工程量进行归并。单击"清单定额"，在弹出的对话框中完成清单编码补充（图 5-16），俗称套做法。

表 5-3　某工程合同清单

序号	编码	名称	单位	工程量
		混凝土工程		
1	010502001001	矩形柱	m³	
	01-5-2-1 换	预拌混凝土（泵送）矩形柱 预拌混凝土（泵送型）C30 粒径 5~25mm 预拌混凝土（泵送型）C30 粒径 5~25mm	m³	
2	010504001001	直形墙	m³	
	01-5-4-1 换	预拌混凝土（泵送）直形墙、电梯井壁 预拌混凝土（泵送型）C30 粒径 5~25mm 预拌混凝土（泵送型）C30 粒径 5~25mm	m³	
3	010505001001	有梁板	m³	
	01-5-5-1 换	预拌混凝土（泵送）有梁板 预拌混凝土（泵送型）C30 粒径 5~25mm 预拌混凝土（泵送型）C30 粒径 5~25mm	m³	
		钢筋工程		
4	010515001001	现浇构件钢筋（包含措施筋）（热轧钢筋 HPB300）	t	
	01-5-11-18	钢筋	t	
5	010515001002	现浇构件钢筋（包含措施筋）（热轧钢筋 HRB400）	t	
	01-5-11-18	钢筋	t	
6	010515001003	现浇构件钢筋（包含措施筋）（热轧钢筋 HRB400E）	t	
	01-5-11-18	钢筋	t	
		砌体工程		
7	010402001001	砌块墙	m³	
	01-4-2-4	砂加气混凝土砌块	m³	

以砌块墙为例，在清单库中查找需要的清单编码，并添加到清单池中，选取清单池中的清单编码赋予构件（图 5-17）。清单池的意义在于分类，若合同清单中对砌体墙有更为细致的分类，例如分为 100mm 厚砌块墙、150mm 厚砌块墙、200mm 厚砌块墙，则产生 3 个不同的清单项目名称顺序码，对应的合同清单编码有可能分别为 010402001001、010402001002、010402001003。这时可以利用清单池完成 001、002、003 不同清单项目名称顺序码的创建。通过"复制调用"功能可对同类做法构件进行快速设置（图 5-18）。完成构件套用做法后，单击"工程计算"汇总工程量（图 5-19）。

5.3.2　装饰部分

天棚、地坪、墙面等初装修的具体做法通常以房间为单位加以区分，具体的载体通常是合同、图纸、变更、会审纪要等技术文件所包含的装修做法表或材料统计表。基于此，除了单独布置初装修外，通常可以通过房间分类快速布置。

Revit 平台本身提供了房间布置的功能，甚至可以通过不同的颜色和图例加以区分。在"建筑"选项卡中单击"房间"进行布置（图 5-20），配合建筑平面图（图 5-21）将所有房间进行定义（图 5-22）。

到此阶段房间已经完成分类，足以达到装饰快速布置的需求。不过为了可视化展示需求，通常会着色并添加图例，具体操作为：在"建筑"选项卡下单击"颜色方案"，在弹出的对话框中进行设置（图 5-23）。"类别"选择"房间"，"颜色"选择"名称"，对可见性、颜色等修改后完成设置（图 5-24）。

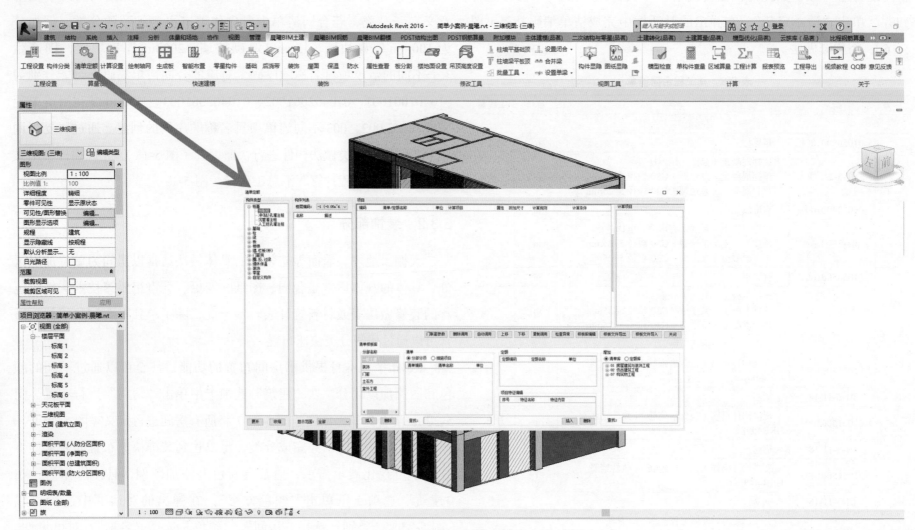

图 5-16

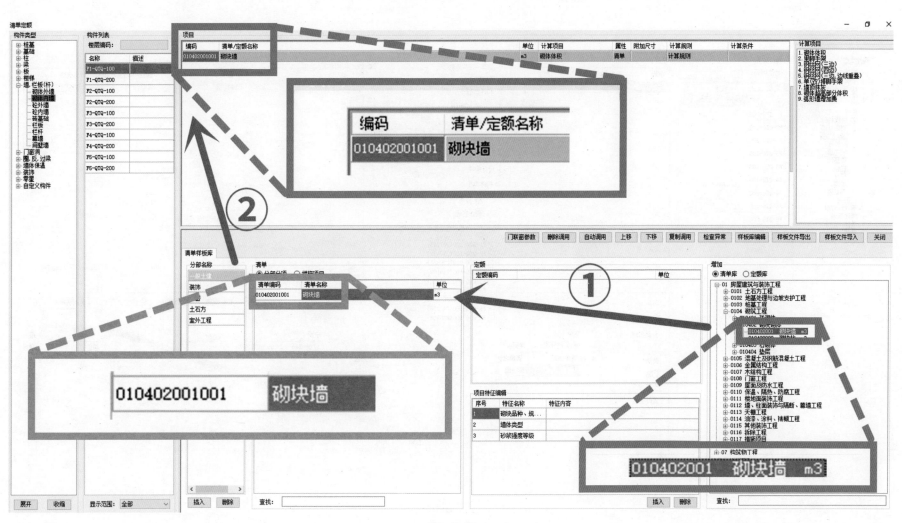

图 5-17

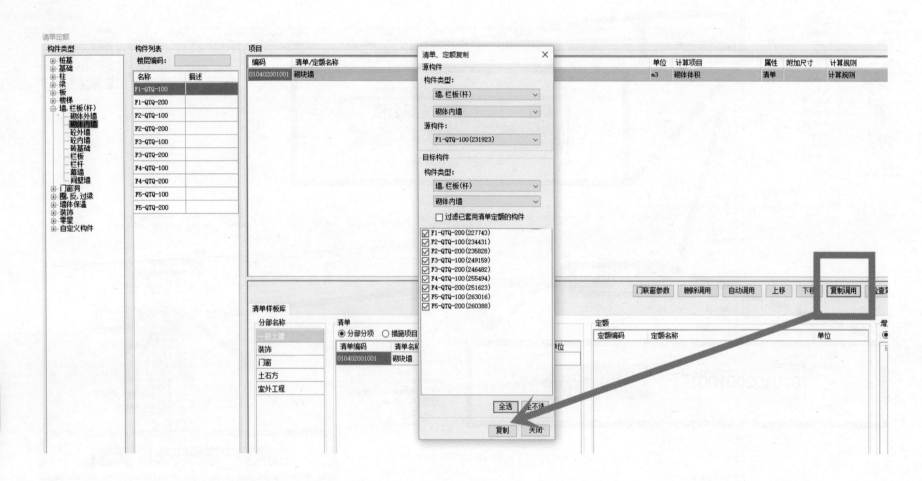

图 5-18

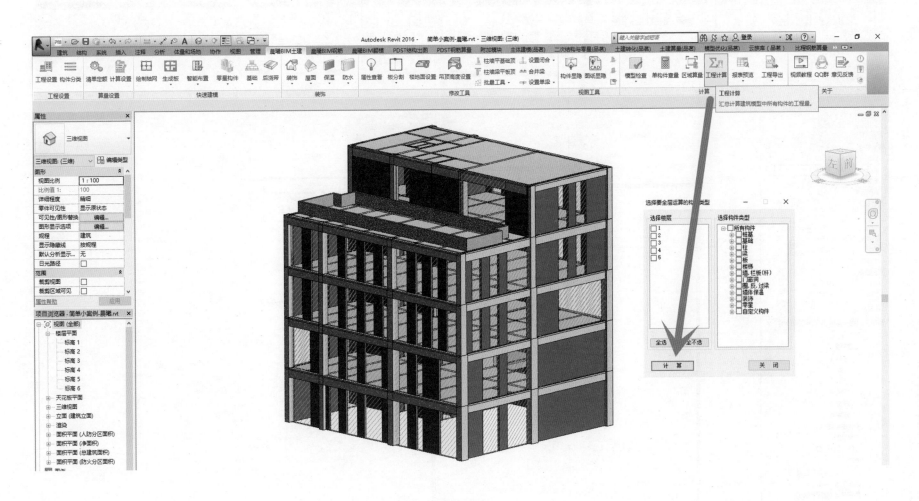

图　5-19

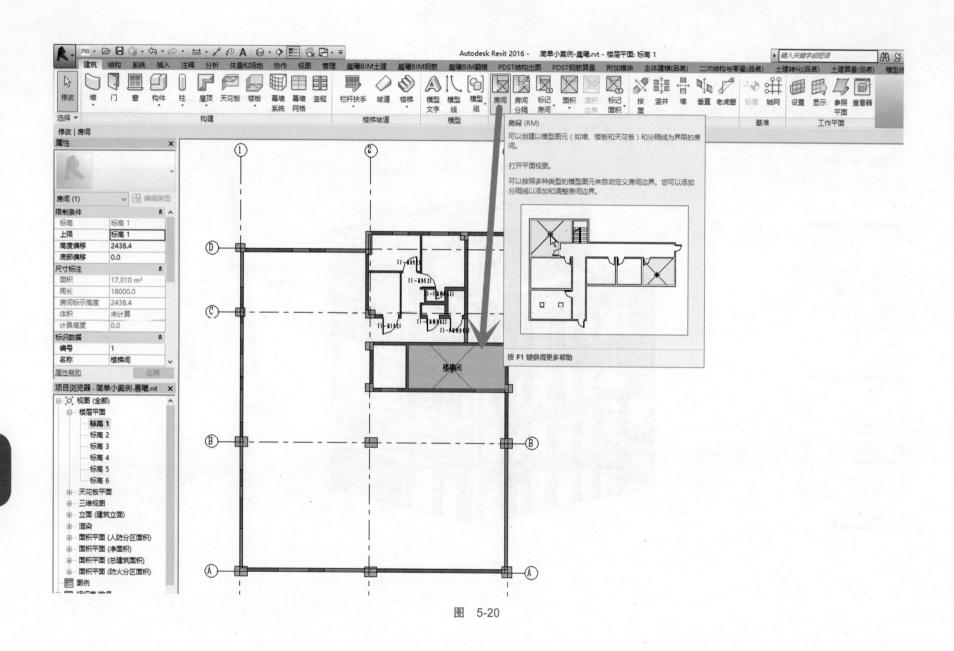

图 5-20

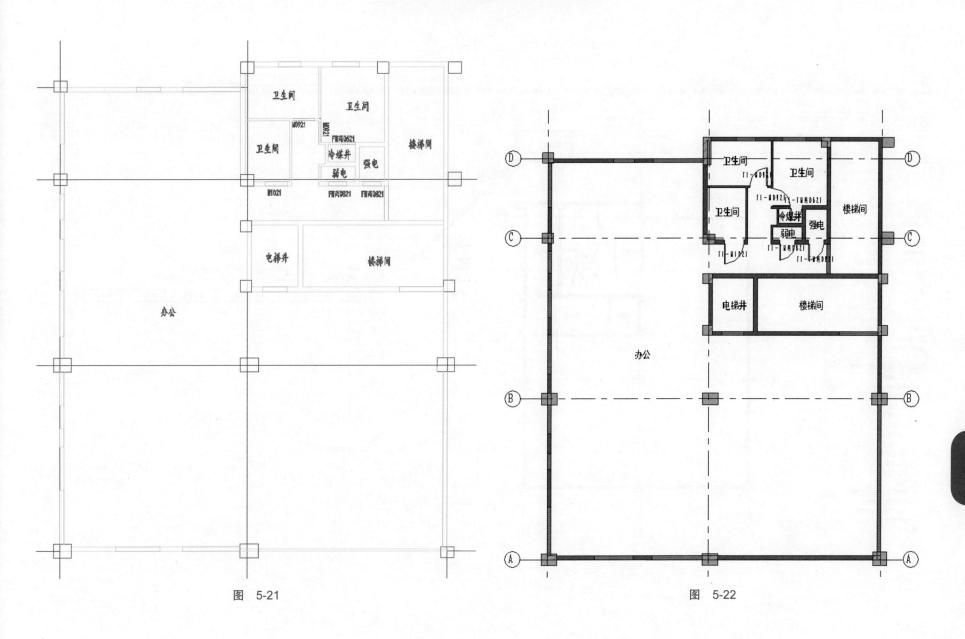

图　5-21　　　　　　　　　　　　　　　　　　　　　　图　5-22

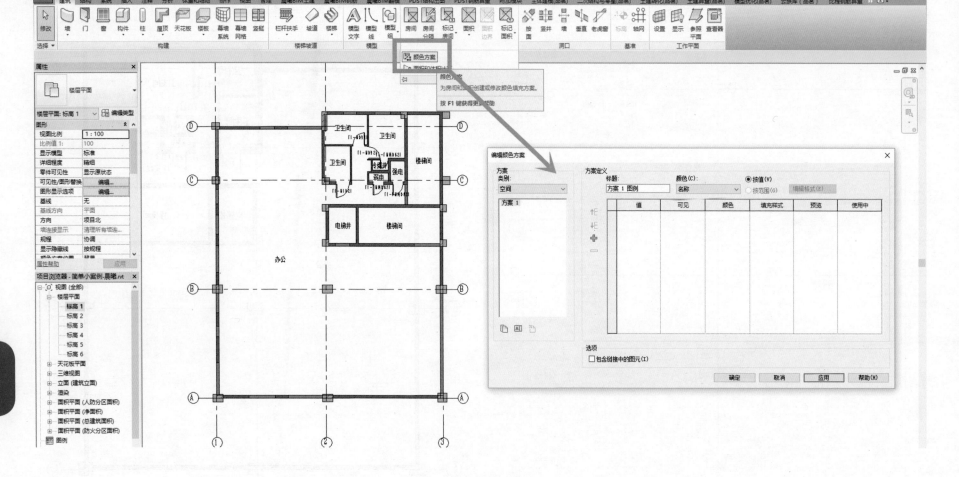

图　5-23

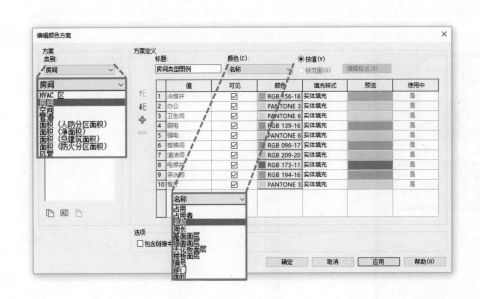

图　5-24

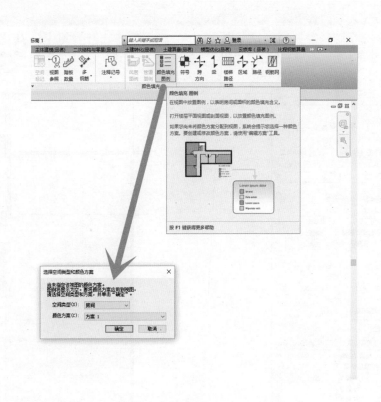

图　5-25

在"注释"选项卡中单击"颜色填充图例","空间类型"选择"房间","颜色方案"选择刚才建立的方案（图 5-25），完成房间颜色填充及图例布置（图 5-26）。

已布置好的房间类型可作为初装修快速布置的分类依据。在晨曦插件中依次单击"装饰"→"布置房间"，在弹出的对话框中进行设置（图 5-27）。依据装修做法表（表 5-2），分别设置对应的装修做法（图 5-28），完成装修布置（图 5-29）。

55

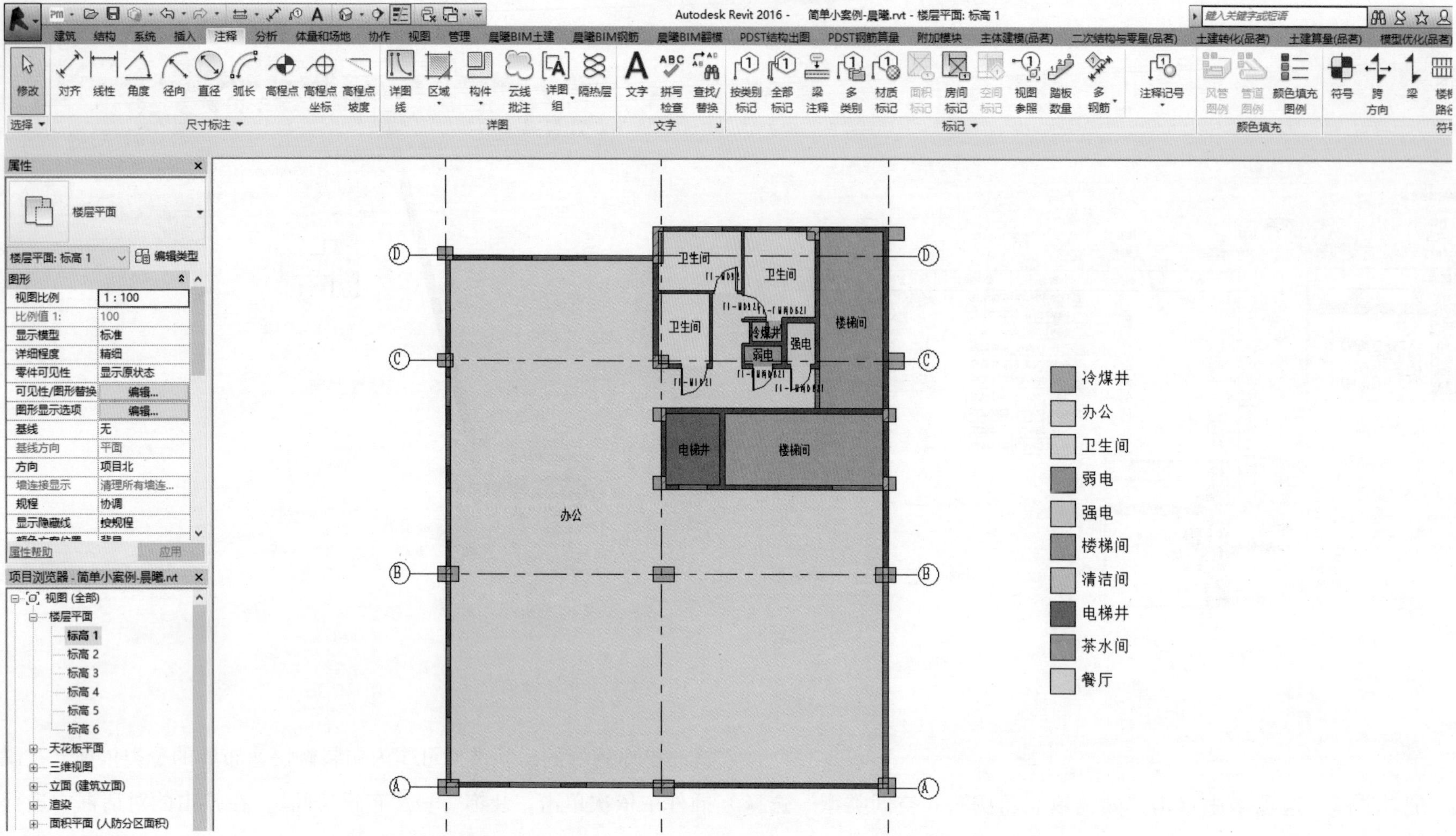
Autodesk Revit 2016 - 简单小案例-晨曦.rvt - 楼层平面: 标高 1
卫生间
卫生间
卫生间
楼梯间
冷煤井
弱电
强电
电梯井
楼梯间
办公
冷煤井
办公
卫生间
弱电
强电
楼梯间
清洁间
电梯井
茶水间
餐厅
项目浏览器 - 简单小案例-晨曦.rvt
标高 1
标高 2
标高 3
标高 4
标高 5
标高 6

图 5-26

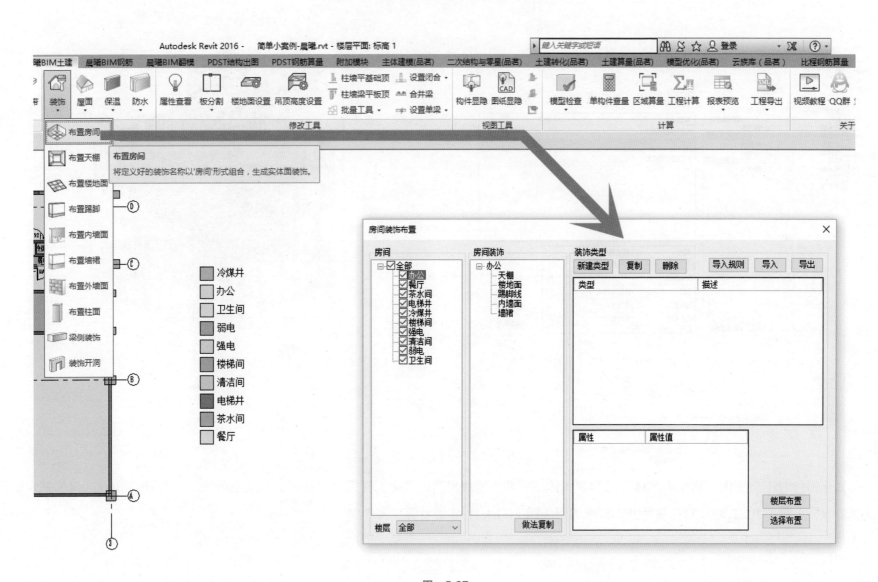

图 5-27

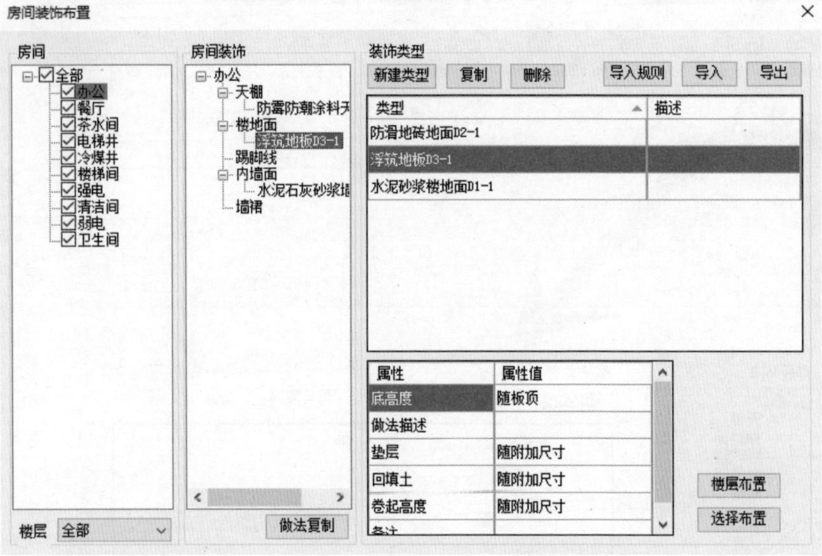

图 5-28

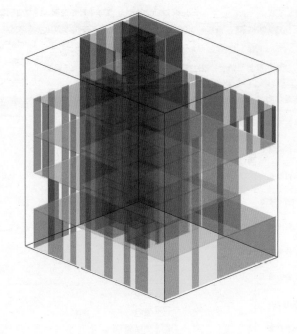

图 5-29

前文介绍过对于装饰面，通常有实体图元和非实体图元两类解决思路。晨曦插件采用实体图元作为装饰面，例如建立 40mm 厚的基本墙作为墙面装饰层（图 5-30）。同样对初装修补充清单编码（图 5-31），并汇总计算（图 5-32）。

图　5-30

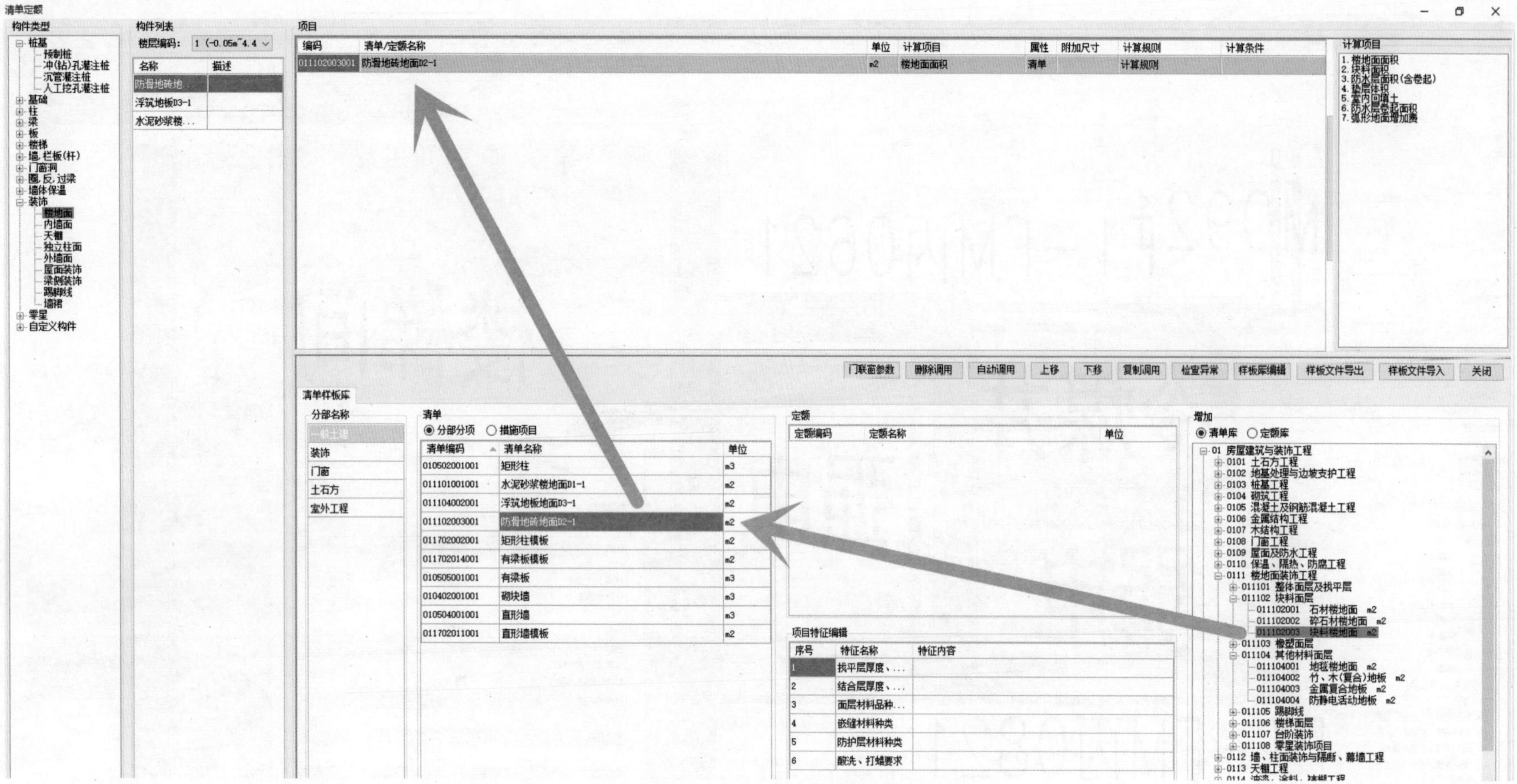

图 5-31

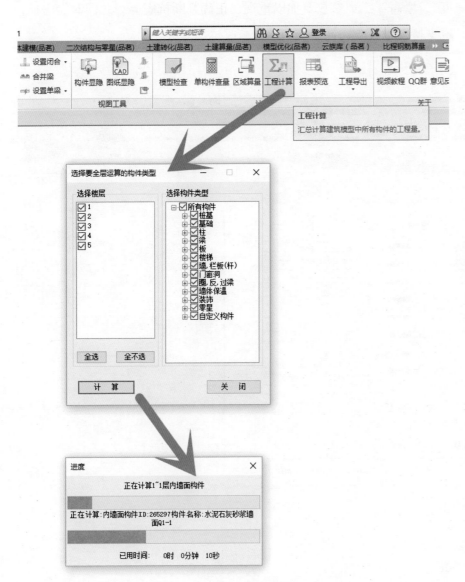

图　5-32

5.3.3　钢筋部分

晨曦插件对钢筋的计算原理是基于已有 Revit 模型构件的几何尺寸补充平法信息，并通过内置的图集构造节点及计算规则自动生成钢筋数据，通过统计形成工程量计算成果。

钢筋计算总体上是遵循"钢筋量 = 钢筋长度 × 钢筋根数 × 钢筋比重"的统计原理，钢筋长度的计算通常可以理解为"钢筋长度 = 净长 + 锚固长度 + 搭接长度 + 弯钩长度 − 保护层厚度"。构件的几何尺寸作为钢筋长度计算的边界，直接提供"净长"这一重要参数。锚固、搭接等长度需参照 G101 图集等规范的规定，而具体数值的选取又取决于混凝土强度、抗震等级、节点选择、连接形式、定尺长度等。因此，一方面需要对 Revit 模型构件的算量属性进行正确定义，另一方面要对工程计算有更详细、更准确的参数设置。

晨曦插件在钢筋计量的核心流程就是"参数设置→构件分类→补充钢筋信息"。

在晨曦插件钢筋模块中单击"工程设置"，不难发现其界面与本书 5.3.1 中土建部分基本一致（图 5-33）。在前文土建部分操作中，我们实际上跳过了一些基本设置没有修改或补充。在土建和装饰计算中，被我们忽视的设置有两类：第一类是"工程地址""建设单位"等编制信息，它们仅仅影响报表抬头等，与工程量计算无关；第二类是"结构类型""抗震设防烈度""檐高"等工程信息，它们对基于构件几何尺寸计算体积和接触面积的土建及装饰算量无影响。但是在钢筋计算中，第二类设置不能直接忽视，根据 16G101—1，决定锚固值的主要因素有两个：混凝土强度等级以及抗震等级（表 5-4）。依据《建筑抗

61

震设计规范》（GB 50011—2010），抗震等级主要取决于结构类型、设防烈度、高度三个因素（表 5-5），因此对"结构类型""抗震设防烈度""檐高"三个参数要加以重视，正确判断抗震等级。同时晨曦插件也支持以楼层或构件类型为单位修改抗震等级。

图 5-33

表5-4　抗震设计时受拉钢筋基本锚固长度 l_{abE}

钢筋种类		混凝土强度等级								
		C20	C25	C30	C35	C40	C45	C50	C55	≥ C60
HPB300	一、二级	45d	39d	35d	32d	29d	28d	26d	25d	24d
	三级	41d	36d	32d	29d	26d	25d	24d	23d	22d
HRB335 HRBF335	一、二级	44d	38d	33d	31d	29d	26d	25d	24d	24d
	三级	40d	35d	31d	28d	26d	24d	23d	22d	22d
HRB400 HRBF400	一、二级	—	46d	40d	37d	33d	32d	31d	30d	29d
	三级	—	42d	37d	34d	30d	29d	28d	27d	26d
HRB500 HRBF500	一、二级	—	55d	49d	45d	41d	39d	37d	36d	35d
	三级	—	50d	45d	41d	38d	36d	34d	33d	32d

表5-5　现浇钢筋混凝土房屋的抗震等级

结构类型		设防烈度									
		6		7			8			9	
框架结构	框架 高度(m)	≤24	>24	≤24	>24		≤24	>24		≤24	
	框架	四	三	三	二		二	一		一	
	大跨度框架	三		二			一			一	
框架-抗震墙结构	高度(m)	≤60	>60	≤24	25~60	>60	≤24	25~60	>60	≤24	25~60
	框架	四	三	四	三	二	三	二	一	二	一
	抗震墙	三	三	三	二	二	二	一	一	一	一
抗震墙结构	高度(m)	≤80	>80	≤24	25~80	>80	≤24	25~80	>80	≤24	25~80
	剪力墙	四	三	四	三	二	三	二	一	二	一
部分框支抗震墙结构	高度(m)	≤80	>80	≤24	25~80	>80	≤24	25~80			
	抗震墙 一般部位	四	三	四	三	二	三	二			
	抗震墙 加强部位	三	二	三	二	一	二	一			
	框支层框架	二		二			一				
框架-核心筒结构	框架	三		二			一			一	
	核心筒	二		二			一			一	
筒中筒结构	外筒	三		二			一			一	
	内筒	三		二			一			一	
板柱-抗震墙结构	高度(m)	≤35	>35	≤35	>35		≤35	>35			
	框架、板柱的柱	三	二	二	二		一	一			
	抗震墙	二	二	二	二		二	一			

　　工程量准确性一方面指的是楼层的正确归并，另一方面指的是构件工程量的正确归并。在土建和装饰部分已经提到过，解决上述问题的方式是进行楼层设置和构件分类。在楼层设置中，对照图纸中的楼层表或结构图可获取正确的楼层信息，并对其余辅助标高或平面进行舍弃（图5-34），这与土建和装饰部分操作一致。

　　基于"钢筋长度＝净长＋锚固长度＋搭接长度＋弯钩长度－保护层厚度"的基本原理，锚固长度对钢筋量有重要影响。除了抗震等级外，混凝土强度也会直接影响锚固长度，构件的混凝土强度等级正确与否将影响钢筋工程量的准确性，这与以几何尺寸计算体积的混凝土量是不同的。在"工程设置"下的"结构说明"中可修改构件混凝土标号（图5-35）。

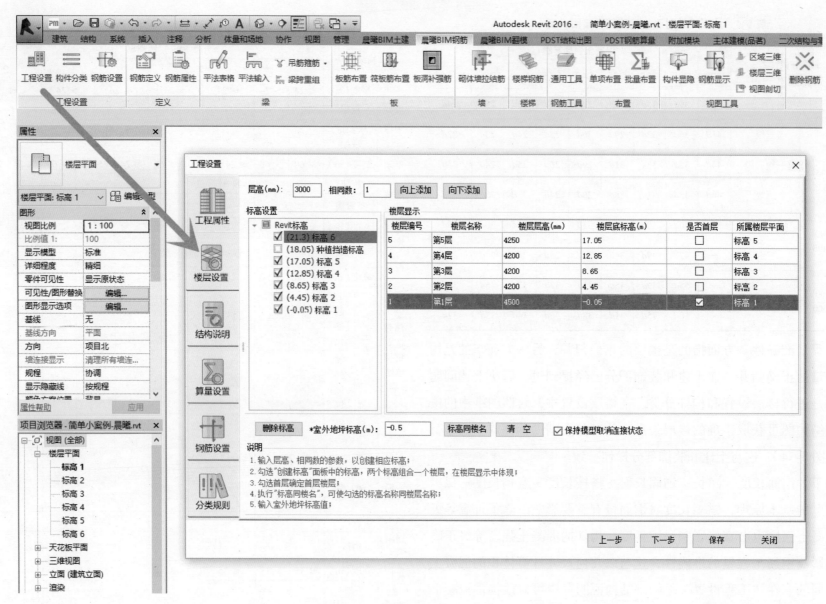

图 5-34

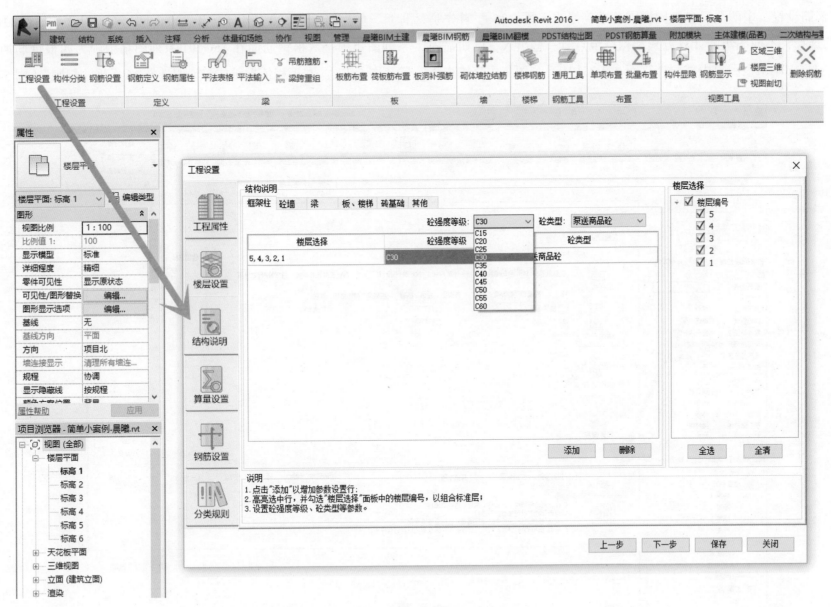

图 5-35

"钢筋设置"中的全局参数同样需要准确修改（图 5-36）。首先是图集的选择，不同图集的计算方式和构造节点有一些出入，例如锚固长度在 11G101 系列图集中需要计算而在 16G101 系列图集中直接查表即可，剪力墙大于 300 且小于等于 800 的圆形洞口补强钢筋在 11G101 系列图集中是六根钢筋而在 16G101 系列图集中则为四根钢筋加环形筋（图 5-37）。本工程依据结构总说明选择 16 系平法规则"（图 5-38）。

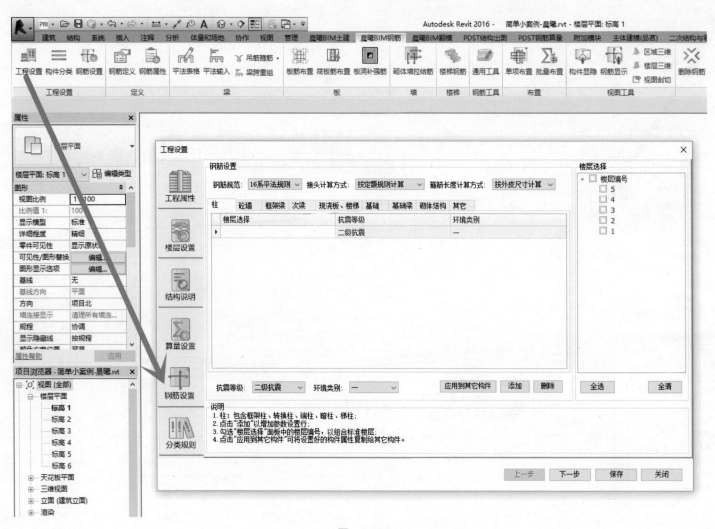

图　5-36

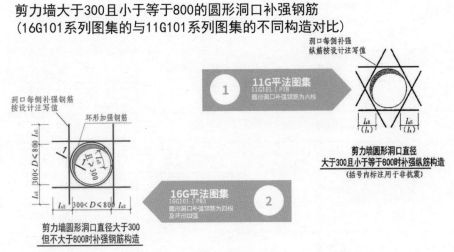

图　5-37

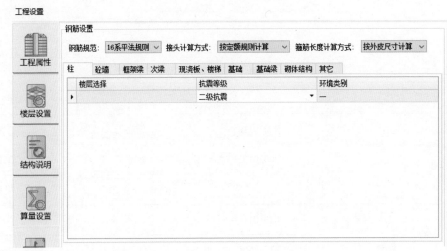

图　5-38

钢筋量是否计算损耗取决于工程当地相关政策及合同约定，例如《上海市建筑和装饰工程预算定额》（SH 01-31-2016）中钢筋工程的钢筋含量为 1.01，已经包含了 1% 的损耗（表 5-6）。计算清单量时不需要计算损耗，在计价表中填入套用了定额子目的清单量后，工料机汇总中的钢筋量会包含 1% 的损耗值。因此，在工程量统计的过程中不需要计算钢筋损耗。同样，清单量工程量计算时不会考虑弯曲调整值，在软件设置中可选择"按外皮尺寸计算"钢筋长度。在 16G101—1 中，锚固值主要取决于混凝土强度等级和抗震等级，依据结构总说明对抗震等级进行设置。

67

表 5-6　钢筋工程

工作内容：钢筋整理、除锈、绑扎、安装、看护、场内运输等全部操作过程。

定额编号				01-5-11-18	01-5-11-19	01-5-11-20
项目			单位	钢筋		
				有梁板	平板、无梁板	弧形板
				t	t	t
人工	00030119	钢筋工	工日	4.1124	5.5063	4.0402
	00030153	其他工	工日	0.5042	0.5739	0.5006
		人工工日	工日	4.6166	6.0802	4.5408
材料	01010111	成型钢筋	t	1.0100	1.0100	1.0100
	03152501	镀锌铁丝	kg	6.3000	5.6000	5.5978
		其他材料费	%	0.0400	0.0500	0.0400

由于钢筋量＝钢筋长度 × 钢筋根数 × 钢筋比重，因此需要准确设置钢筋比重（图 5-39）。实际生产中由于购买的钢筋直径多为 6.5mm，因此部分技术人员在计算钢筋量时认为应将直径为 6mm 的钢筋比重由 0.222 修改为直径 6.5mm 的钢筋比重 0.26。若当地对该事项做出过明确说明，则依据相关说明执行即可，例如浙江省 2003 年定额（图 5-40）。若当地没有可执行的政府指导文件，则需要在合同中进行约定（包括但不限于合同条文或清单计算规则等），否则只能依据图纸按直径为 6 的钢筋比重 0.222 计算，差值在综合单价中考虑。

搭接形式以及定尺长度直接影响搭接长度或接头个数，进而影响工程量。由于是计算以工程造价为目的的清单量，钢筋计量是抽样（俗称预算量）而不是翻样（俗称现场下料量），因此只需计算设计搭接长度而不计算施工搭接长度，定尺长度的选择上需以定额为准而不是现场实际。而有些省市定额中没有定尺长度，可以按合同约定。本工程依据合同要求，定尺长度统一为 10m，直径 16mm 及以上的钢筋连接方式为直螺纹连接，相应地对定尺长度（图 5-41）和连接方式（图 5-42）进行修改。

基于 Revit 实体模型通过"构件分类"功能赋予属性定义，形成算量模型数据（图 5-43），该过程与土建计量过程类似。

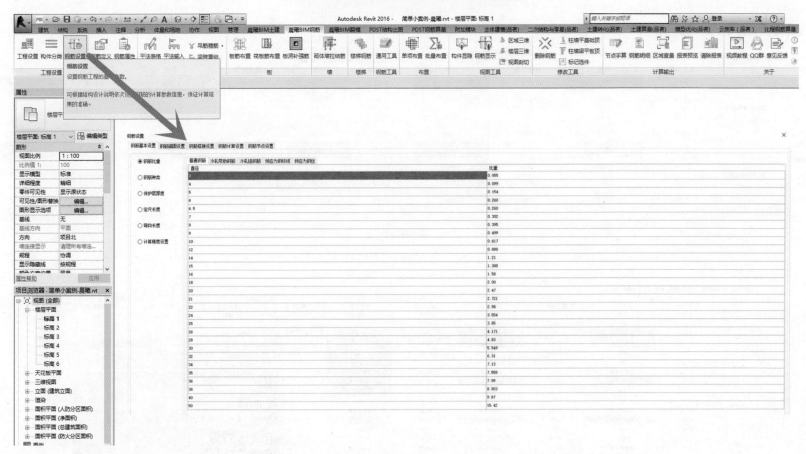

图　5-39

10、定额未考虑变形钢筋的理论重量差，发生时按实际比例计算。

11、施工图注明 Φ6 的钢筋，实际使用的是 Φ6.5 时，按 Φ6.5 的钢筋重量计算。

12、除模板使用铁件以外，混凝土构件及砌体内预埋的铁件均按图示尺寸以净重量计算。

图　5-40

钢筋设置

钢筋基本设置　钢筋锚固设置　钢筋搭接设置　钢筋计算设置　钢筋节点设置

○ 钢筋比重　○ 钢筋种类　○ 保护层厚度　● 定尺长度　○ 弯钩长度　○ 计算精度设置

钢筋类型	HPB235,HPB300		HRB335,HRB335E,HRBF335,HRBF335E		HRB400,HRB400E,HRBF400,HRBF400E,RRB400,HRB500,HRB500E,HRBF500		冷轧带肋钢筋		冷轧扭钢筋	
	直径范围	长度	直径范围	长度	直径范围	长度	直径范围	长度	直径范围	长度
墙柱垂直筋定尺	3~10	10000	3~10	10000	3~10	10000	4~12	10000	6.5~14	10000
	12~14	10000	12~14	10000	12~14	10000	-	-	-	-
	16~22	10000	16~22	10000	16~22	10000	-	-	-	-
	25~50	10000	25~50	10000	25~50	10000	-	-	-	-
其余钢筋定尺	3~10	10000	3~10	10000	3~10	10000	4~12	10000	6.5~14	10000
	12~14	10000	12~14	10000	12~14	10000	-	-	-	-
	16~22	10000	16~22	10000	16~22	10000	-	-	-	-
	25~50	10000	25~50	10000	25~50	10000	-	-	-	-

图　5-41

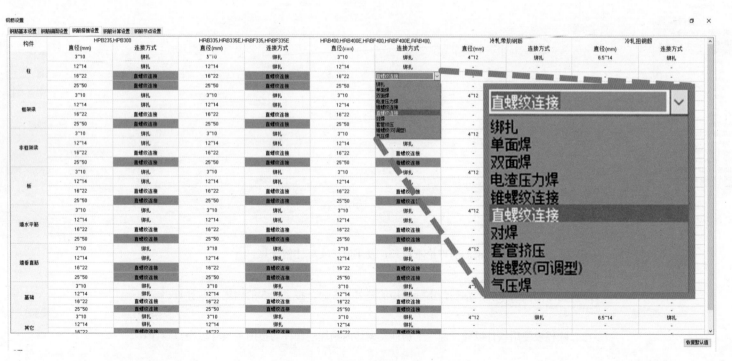

图　5-42

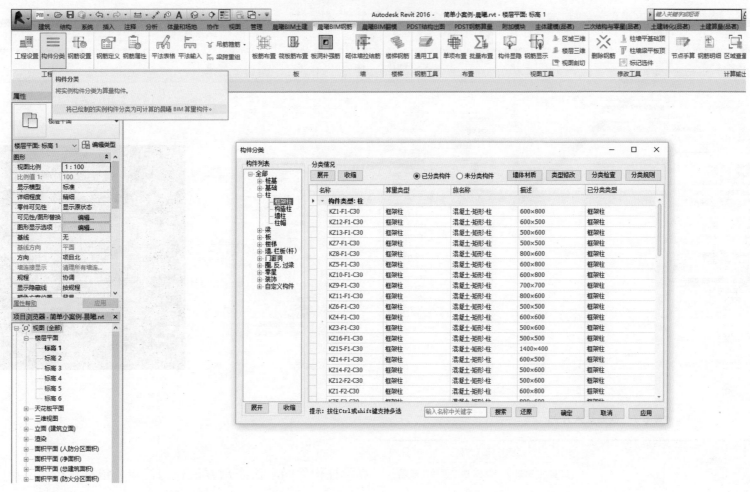

图 5-43

以上已完成算量模型建立及主要算量参数设置，后续工作的核心内容是为构件补充钢筋信息。单击"钢筋定义"，在弹出的对话框中可补充柱构件、梁构件集中标注部分等通用钢筋信息（图 5-44）。在补充钢筋信息时，由于历史原因，各软件对于不同牌号的录入方式略有出入（表 5-7）。

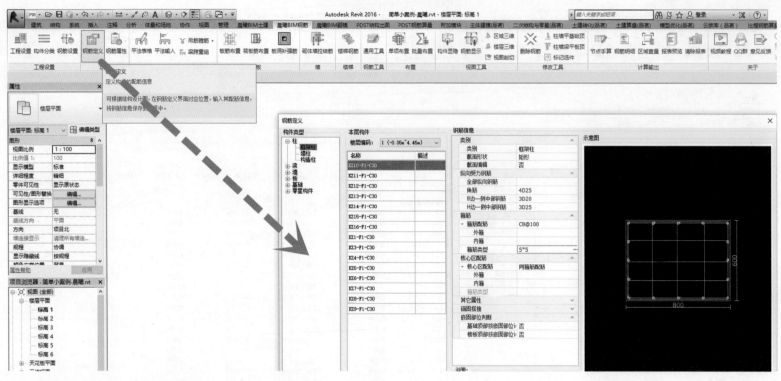

图 5-44

表 5-7 钢筋录入方式

钢筋牌号	符号	俗称	软件输入方式	
			广联达 GGJ	Revit 钢筋插件（晨曦）
HPB300	Φ	一级钢	A	A
HRB335	Φ	二级钢	B	B
HRB400	Φ	三级钢	C	C
HRB500	Φ	四级钢	E	D

柱构件的平法表示方法较为简单，依据现行 16G101 系列图集，通常为列表注写方式（图 5-45）或截面注写方式（图 5-46），实际工程图纸中也有更加灵活的方式（图 5-47）。在各类软件中通常直接补充钢筋信息，不需要像梁构件那样额外录入原位标注，也不需要像板构件那样额外录入受力筋和负筋等。

左侧竖排文字（重复）：平法制图规则

右侧竖排文字（从上到下）：总则　平法制图规则　柱　平法制图规则　剪力墙　平法制图规则　梁　平法制图规则　板　平法制图规则　楼板相关构造

结构层楼面标高表：

层号	标高(m)	层高(m)
屋面2	65.670	
塔层2	62.370	3.30
屋面1(塔层1)	59.070	3.30
16	55.470	3.60
15	51.870	3.60
14	48.270	3.60
13	44.670	3.60
12	41.070	3.60
11	37.470	3.60
10	33.870	3.60
9	30.270	3.60
8	26.670	3.60
7	23.070	3.60
6	19.470	3.60
5	15.870	3.60
4	12.270	3.60
3	8.670	3.60
2	4.470	4.20
1	-0.030	4.50
-1	-4.530	4.50
-2	-9.030	4.50

结构层楼面标高
结构层高
上部结构嵌固部位：-4.530

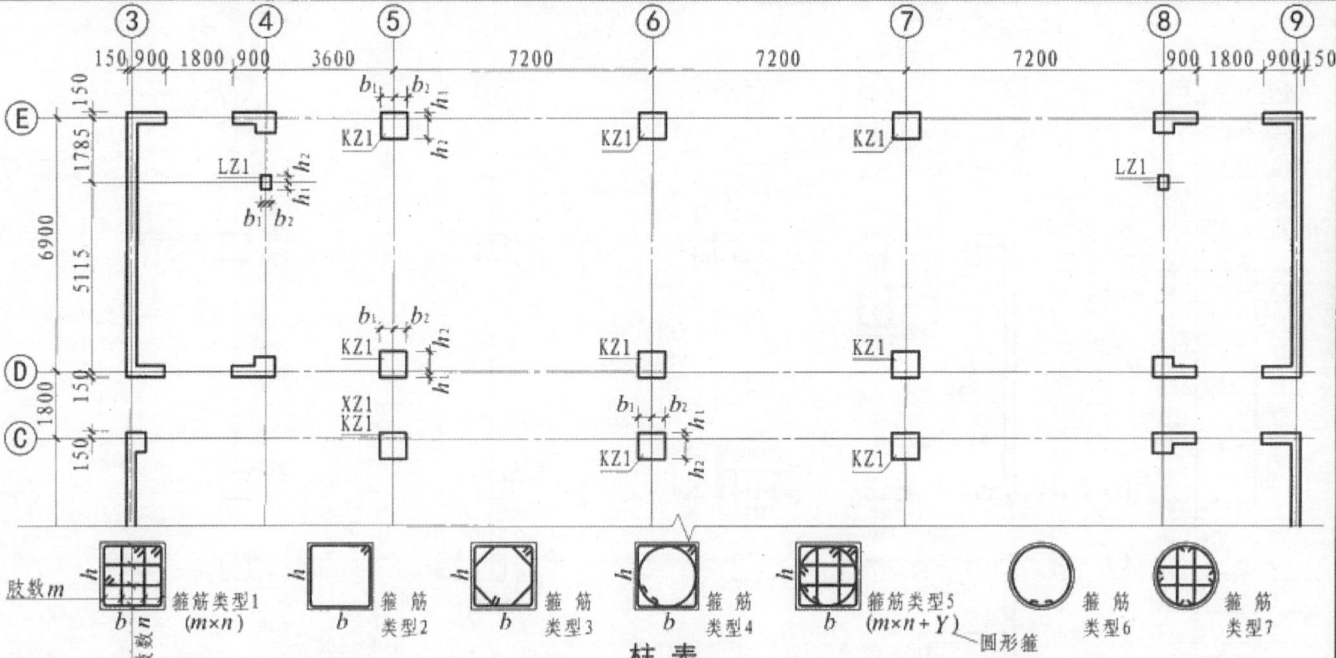

柱表

柱号	标高	$b \times h$（圆柱直径D）	b_1	b_2	h_1	h_2	全部纵筋	角筋	b边一侧中部筋	h边一侧中部筋	箍筋类型号	箍筋	备注
KZ1	-4.530~-0.030	750×700	375	375	150	550	28Φ25				1(6×6)	Φ10@100/200	
	-0.030~19.470	750×700	375	375	150	550	24Φ25				1(5×4)	Φ10@100/200	
	19.470~37.470	650×600	325	325	150	450		4Φ22	5Φ22	4Φ20	1(4×4)	Φ10@100/200	—
	37.470~59.070	550×500	275	275	150	350		4Φ22	5Φ22	4Φ20	1(4×4)	Φ8@100/200	
XZ1	-4.530~8.670						8Φ25				按标准构造详图	Φ10@100	③×⑧轴KZ1中设置

注：
1. 如采用非对称配筋，需在柱表中增加相应栏目分别表示各边的中部筋。
2. 箍筋对纵筋至少隔一拉。
3. 类型1、5的箍筋肢数可有多种组合，右图为5×4的组合，其余类型为固定形式，在表中只注类型号即可。
4. 地下一层(-1层)、首层(1层)柱端箍筋加密区长度范围及纵筋连接位置均按嵌固部位要求设置。

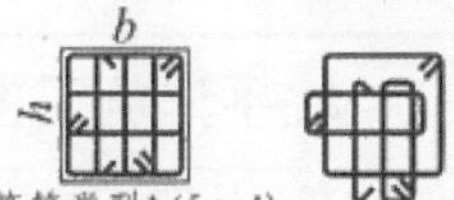

-4.530~59.070柱平法施工图（局部）

柱平法施工图列表注写方式示例

箍筋类型1(5×4)

图集号	16G101-1
审核 郁银泉	校对 刘 敏	设计 高志强	页 11

图　5-45

73

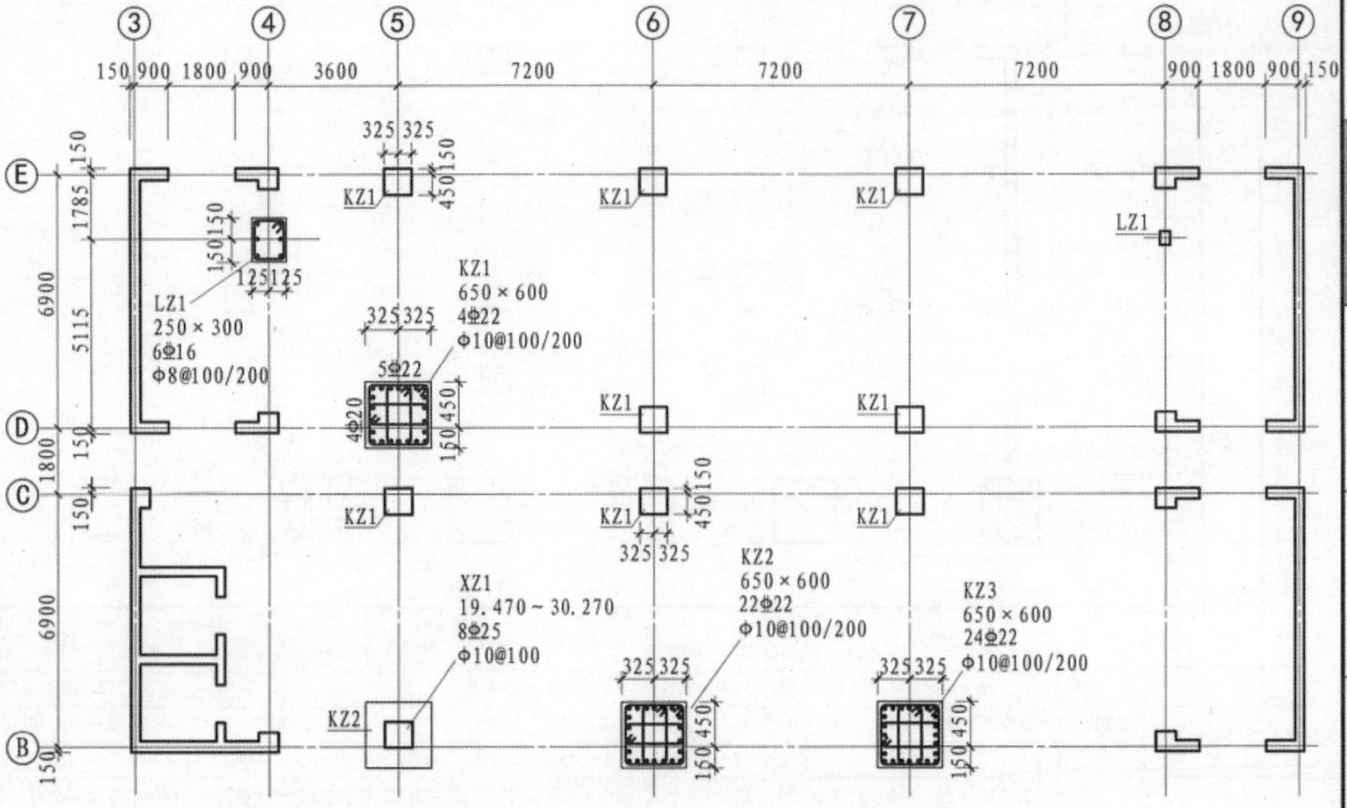

19.470～37.470柱平法施工图（局部）

柱平法施工图截面注写方式示例

	图集号	16G101-1
审核 郁银泉	校对 刘 敏	设计 高志强
	页	12

图 5-46

截面	 4Φ22 4Φ28 600 600	 6Φ20 6Φ20 600 600
编号	KZ1	KZ2
标高	-0.05~4.5	-0.05~4.5
纵筋	4Φ28(角筋)+8Φ22+8Φ28	4Φ25(角筋)+24Φ20
箍筋/拉筋	Φ8@100	Φ8@100

图　5-47

柱号	标　高	b x h	角筋	b 边一侧 中部筋	h 边一侧 中部筋	箍筋 类型号	箍筋
KZ10							
	-0.050~4.450	800x600	4Φ25	3Φ20	3Φ25	(5X5)	Φ8@100
	4.450~8.650	800x600	4Φ25	3Φ20	3Φ20	(5X5)	Φ8@100
	8.650~12.850	700x600	4Φ25	3Φ20	3Φ20	(5X5)	Φ8@100/200
	12.850~17.100	600x500	4Φ25	3Φ22	3Φ22	(5X5)	Φ8@100/200
	17.100~21.300	500x500	4Φ22	2Φ18	2Φ18	(4X4)	Φ8@100/200

图　5-48

本工程图纸柱构件采用的是列表注写方式（图 5-48）。以首层柱 KZ10 为例，录入钢筋信息：角筋 4D25；B 边一侧中部筋 3D20；H 边一侧中部筋 3D25；箍筋配筋 C8@100；箍筋类型 5*5（图 5-49）。其余柱构件同样依据图纸补充钢筋信息。

在 16G101 系列图集中，中柱、边柱、角柱的柱顶纵向钢筋锚固构造并不一致（图 5-50 和图 5-51），会影响钢筋工程量，需要关注顶层柱构件类型，晨曦插件提供了自动判断柱类型功能。

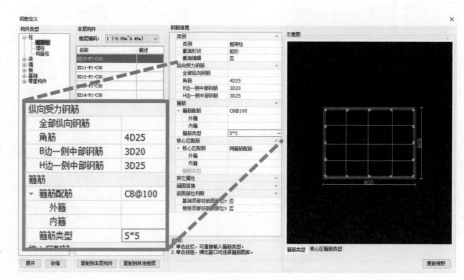

图　5-49

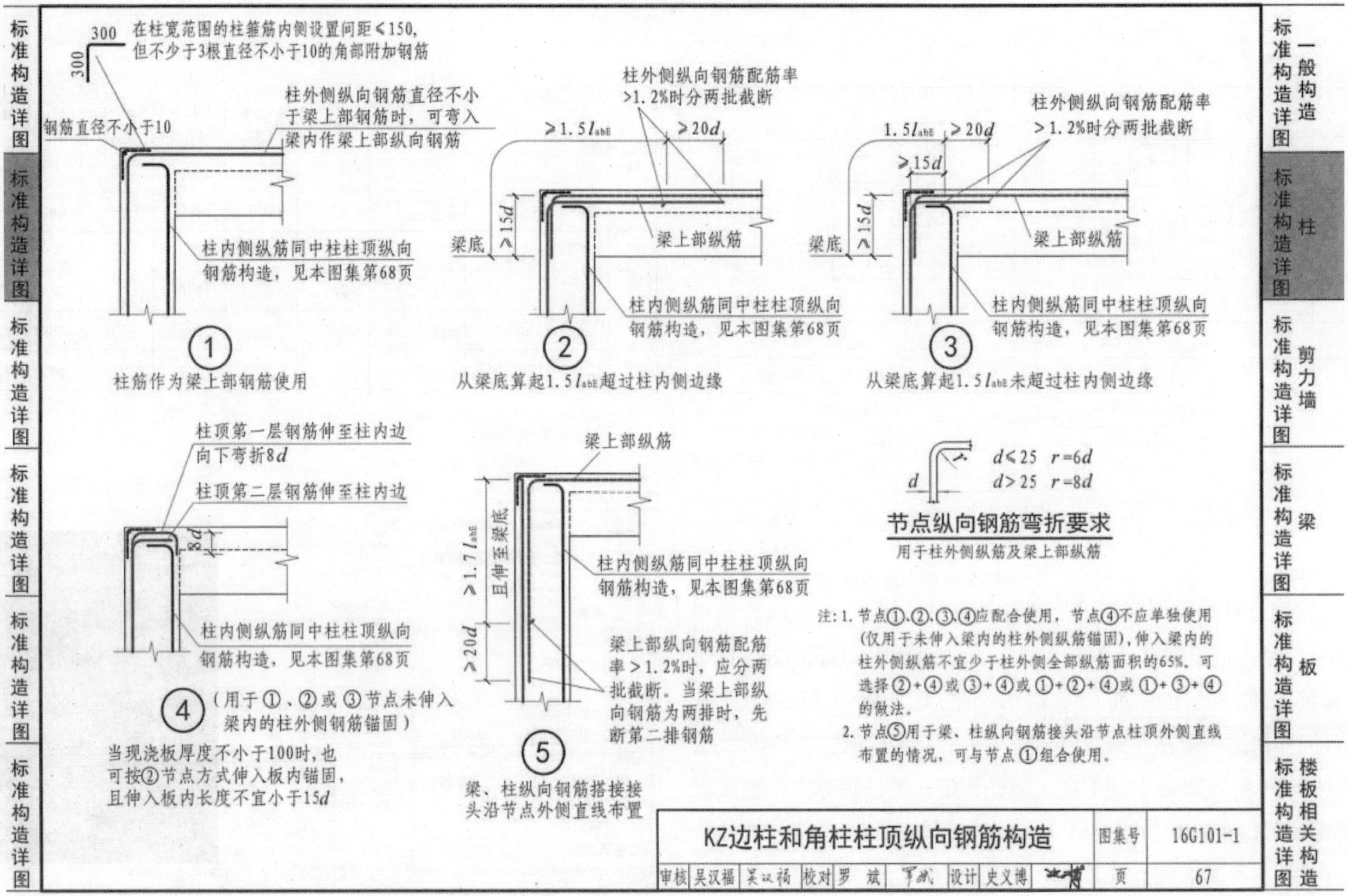

标准构造详图 一般构造
标准构造详图 柱
标准构造详图 剪力墙
标准构造详图 梁
标准构造详图 板
标准构造详图 楼板相关构造
300
300
在柱宽范围的柱箍筋内侧设置间距≤150，
但不少于3根直径不小于10的角部附加钢筋
柱外侧纵向钢筋直径不小于梁上部钢筋时，可弯入梁内作梁上部纵向钢筋
钢筋直径不小于10
柱内侧纵筋同中柱柱顶纵向钢筋构造，见本图集第68页
①
柱筋作为梁上部钢筋使用
柱外侧纵向钢筋配筋率>1.2%时分两批截断
≥1.5l_{abE}
≥20d
梁底
≥15d
梁上部纵筋
柱内侧纵筋同中柱柱顶纵向钢筋构造，见本图集第68页
②
从梁底算起1.5l_{abE}超过柱内侧边缘
柱外侧纵向钢筋配筋率>1.2%时分两批截断
1.5l_{abE}
≥20d
≥15d
梁底
≥15d
梁上部纵筋
柱内侧纵筋同中柱柱顶纵向钢筋构造，见本图集第68页
③
从梁底算起1.5l_{abE}未超过柱内侧边缘
柱顶第一层钢筋伸至柱内边向下弯折8d
柱顶第二层钢筋伸至柱内边
8d
柱内侧纵筋同中柱柱顶纵向钢筋构造，见本图集第68页
④（用于①、②或③节点未伸入梁内的柱外侧钢筋锚固）
当现浇板厚度不小于100时，也可按②节点方式伸入板内锚固，且伸入板内长度不宜小于15d
梁上部纵筋
≥1.7l_{abE}
且伸至梁底
≥20d
柱内侧纵筋同中柱柱顶纵向钢筋构造，见本图集第68页
梁上部纵向钢筋配筋率>1.2%时，应分两批截断。当梁上部纵向钢筋为两排时，先断第二排钢筋
⑤
梁、柱纵向钢筋搭接接头沿节点外侧直线布置
d≤25 r=6d
d>25 r=8d
d
节点纵向钢筋弯折要求
用于柱外侧纵筋及梁上部纵筋
注：1. 节点①、②、③、④应配合使用，节点④不应单独使用（仅用于未伸入梁内的柱外侧纵筋锚固），伸入梁内的柱外侧纵筋不宜少于柱外侧全部纵筋面积的65%。可选择②+④或③+④或①+②+④或①+③+④的做法。
2. 节点⑤用于梁、柱纵向钢筋接头沿节点柱顶外侧直线布置的情况，可与节点①组合使用。
KZ边柱和角柱柱顶纵向钢筋构造
图集号 16G101-1
审核 吴汉福 校对 罗斌 设计 史义博
页 67

图 5-50

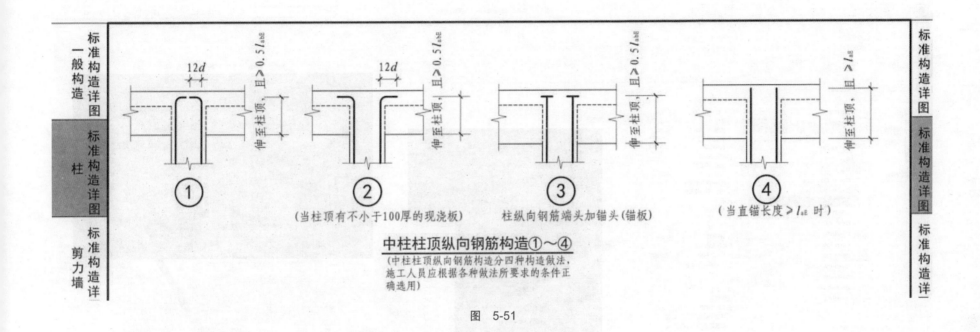

图 5-51

工程中难免会遇到较为特殊的非常规构件，例如本工程首层柱KZ15，箍筋类型为 3×8，晨曦插件默认的箍筋类型库中未提供该数值，需要手动增加。在箍筋类型库中单击"新增"，在弹出的对话框中即可完成箍筋绘制（图 5-52）。

依据 16G101 系列图集，梁构件的钢筋信息大致分散在集中标注

和原位标注两部分（图 5-53），其中集中标注包含的信息为通长筋、全跨相同的纵筋、箍筋等基本适用于所有跨梁构件的数据，因此可以在构件中直接定义（图 5-54），支座处纵筋等其余具体信息则包含于原位标注中，需要单独补充。

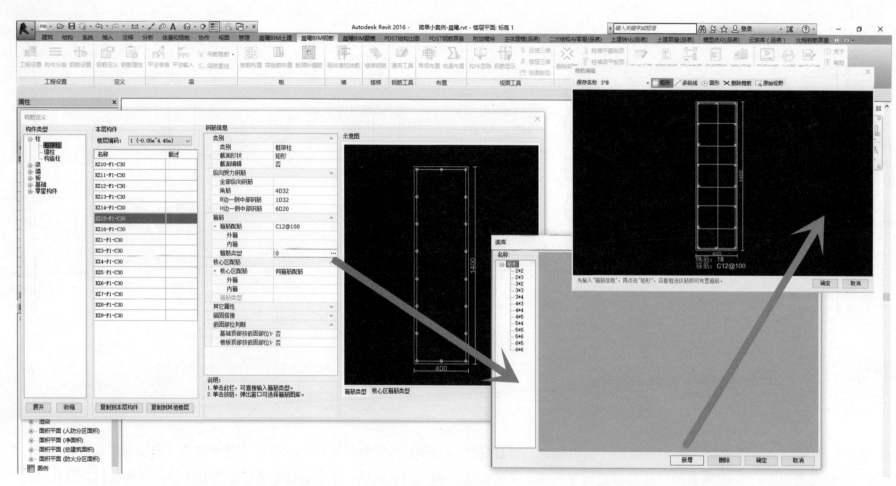

图 5-52

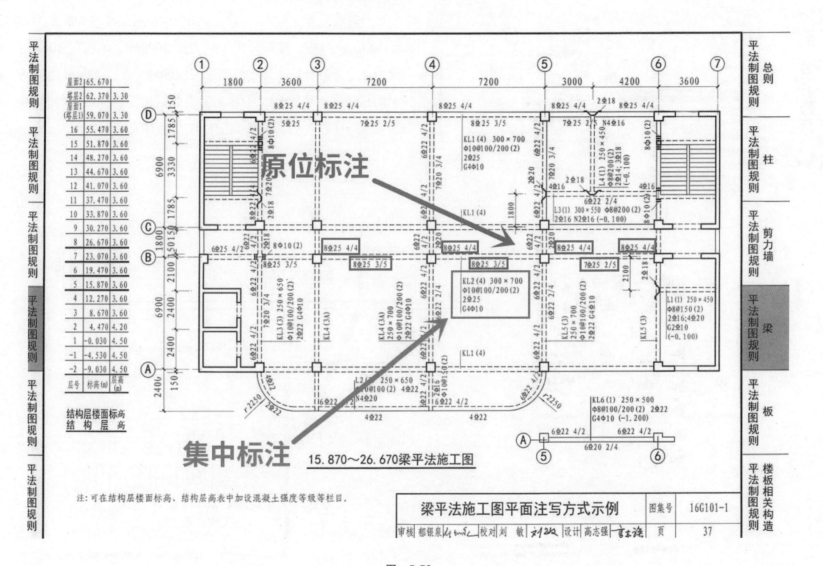

图　5-53

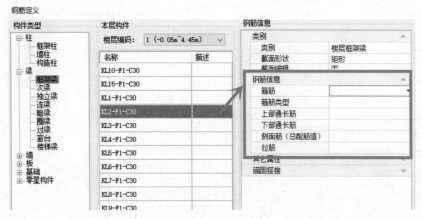

图 5-54

以首层梁 KL2 为例（图 5-55），集中标注的含义为：2 号框架梁，2 跨，截面宽度 300mm，截面高度 650mm，箍筋为牌号 HRB400、直径 8mm 的钢筋，箍筋间距非加密区 200mm、加密区 100mm，箍筋肢数为 2，上部通长筋为 2 根牌号 HRB500、直径 22mm 的钢筋。根据以上信息，在首层梁 KL2 中补充钢筋数据（图 5-56）。以此类推，在"钢筋定义"中将所有梁构件集中标注信息补充完整。

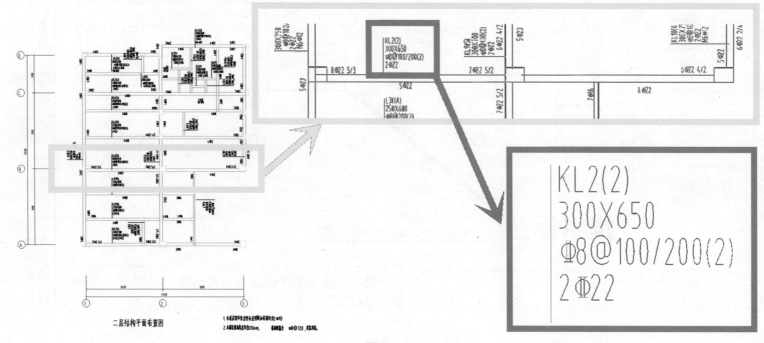

图 5-55

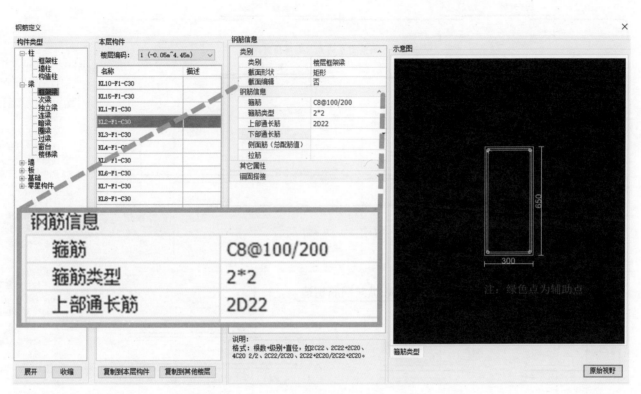

图 5-56

在录入梁构件集中标注信息时，还要注意构件属性，例如楼层框架梁与屋面框架梁的区分。在 16G101 系列图集中，楼层框架梁与屋面框架梁的锚固形式不同（图 5-57 和图 5-58），因此在"钢筋定义"中需注意区分构件类别，例如五层梁构件 WKL1，修改类别为"屋面框架梁"（图 5-59）。

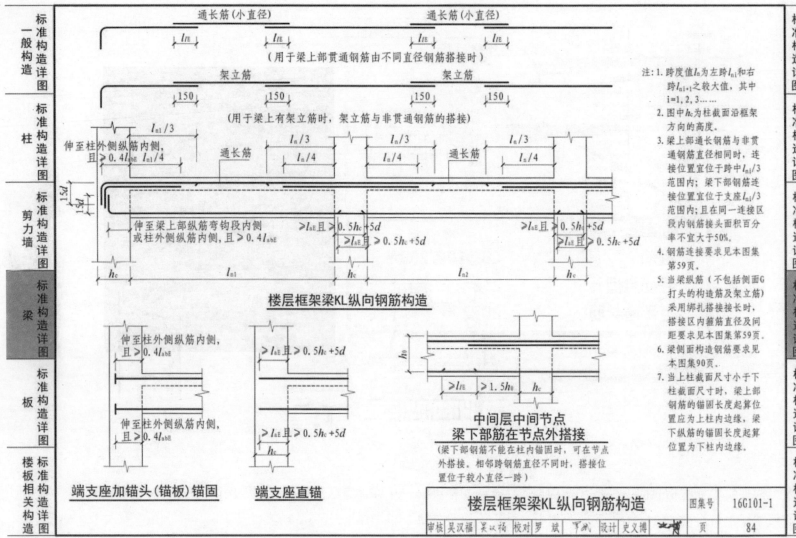

注：
1. 跨度值l_n为左跨l_{ni}和右跨l_{ni+1}之较大值，其中 i=1, 2, 3……。

2. 图中h_c为柱截面沿框架方向的高度。

3. 梁上部通长钢筋与非贯通钢筋直径相同时，连接位置宜位于跨中$l_{ni}/3$范围内；梁下部钢筋连接位置宜位于支座$l_{ni}/3$范围内；且在同一连接区段内钢筋接头面积百分率不宜大于50%。

4. 钢筋连接要求见本图集第59页。

5. 当梁纵筋（不包括侧面G打头的构造筋及架立筋）采用绑扎搭接连接时，搭接区内箍筋直径及间距要求见本图集第59页。

6. 梁侧面构造钢筋要求见本图集第90页。

7. 当上柱截面尺寸小于下柱截面尺寸时，梁上部钢筋的锚固长度起算位置应为上柱内边缘，梁下纵筋的锚固长度起算位置为下柱内边缘。

通长筋(小直径)　　　　　通长筋(小直径)

l_{lE}　　l_{lE}　　l_{lE}　　l_{lE}

（用于梁上部贯通钢筋由不同直径钢筋搭接时）

架立筋　　　　　架立筋

150　　150　　150　　150

（用于梁上有架立筋时，架立筋与非贯通钢筋的搭接）

$l_{n1}/3$　　通长筋　　$l_n/3$　　$l_n/3$　　通长筋　　$l_n/3$

伸至柱外侧纵筋内侧，且 $\geq 0.4 l_{abE}$　$l_{n1}/4$　　$l_n/4$　　$l_n/4$　　$l_n/4$

伸至梁上部纵筋弯钩段内侧或柱外侧纵筋内侧，且 $\geq 0.4 l_{abE}$　　$\geq l_{aE}$且 $\geq 0.5 h_c +5d$　　$\geq l_{aE}$且 $\geq 0.5 h_c +5d$

$\geq l_{aE}$且 $\geq 0.5 h_c +5d$　　$\geq l_{aE}$且 $\geq 0.5 h_c +5d$

h_c　　l_{n1}　　h_c　　l_{n2}　　h_c

楼层框架梁KL纵向钢筋构造

伸至柱外侧纵筋内侧，且 $\geq 0.4 l_{abE}$　　$\geq l_{aE}$且 $\geq 0.5 h_c +5d$　　h_0

伸至柱外侧纵筋内侧，且 $\geq 0.4 l_{abE}$　　$\geq l_{aE}$且 $\geq 0.5 h_c +5d$　　$\geq l_{lE}$　$\geq 1.5 h_0$　h_c

h_c

中间层中间节点梁下部筋在节点外搭接

（梁下部钢筋不能在柱内锚固时，可在节点外搭接。相邻跨钢筋直径不同时，搭接位置位于较小直径一跨）

端支座加锚头（锚板）锚固　　　　**端支座直锚**

楼层框架梁KL纵向钢筋构造	图集号	16G101-1
审核 吴汉福　校对 罗斌　设计 史义博	页	84

图 5-57

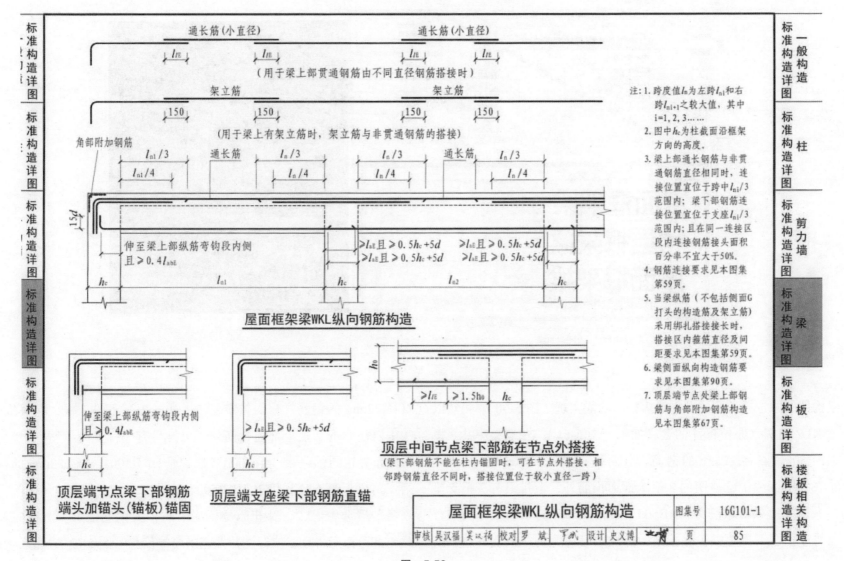

屋面框架梁WKL纵向钢筋构造

顶层端节点梁下部钢筋端头加锚头(锚板)锚固

顶层端支座梁下部钢筋直锚

顶层中间节点梁下部筋在节点外搭接
(梁下部钢筋不能在柱内锚固时,可在节点外搭接,相邻跨钢筋直径不同时,搭接位置位于较小直径一跨)

注:1. 跨度值l_n为左跨l_{ni}和右跨l_{ni+1}之较大值,其中i=1,2,3……
　　2. 图中h_c为柱截面沿框架方向的高度。
　　3. 梁上部通长钢筋与非贯通钢筋直径相同时,连接位置宜位于跨中$l_{ni}/3$范围内;梁下部钢筋连接位置宜位于支座$l_{ni}/3$范围内;且在同一连接区段内连接钢筋接头面积百分率不宜大于50%。
　　4. 钢筋连接要求见本图集第59页。
　　5. 当梁纵筋(不包括侧面G打头的构造筋及架立筋)采用绑扎搭接接长时,搭接区内箍筋直径及间距要求见本图集第59页。
　　6. 梁侧面纵向构造钢筋要求见本图集第90页。
　　7. 顶层端节点处梁上部钢筋与角部附加钢筋构造见本图集第67页。

屋面框架梁WKL纵向钢筋构造	图集号	16G101-1
审核 吴汉福　吴以福　校对 罗斌　军成　设计 史义博	页	85

图　5-58

一般构造　标准构造详图

标准构造详图　柱

标准构造详图　剪力墙

标准构造详图　梁

标准构造详图　板

标准构造详图　楼板相关构造

83

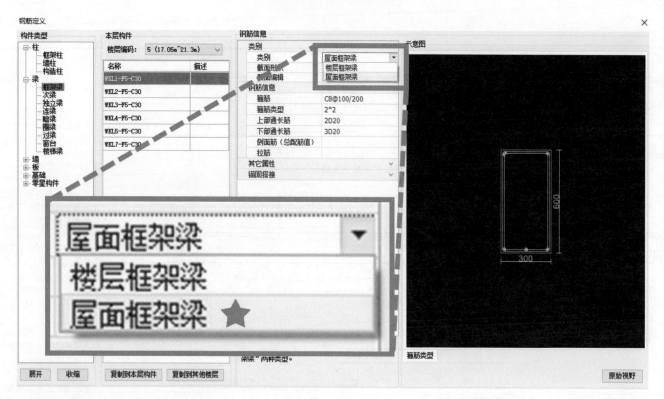

图 5-59

梁构件的原位标注通过"平法表格"功能实现（图 5-60）。仍然以首层梁 KL2 为例，原位标注的含义如下（图 5-61）：左端支座共 8 根牌号 HRB500、直径 22mm 的钢筋，分两排布置，上排 5 根、下排 3 根，除去集中标注中已注明的 2 根上部通长筋外，上排只有 3 根支座负筋；右端支座共 6 根牌号 HRB500、直径 22mm 的钢筋，分两排布置，上排 4 根、下排 2 根，除去集中标注中已注明的 2 根上部通长筋外，上排只有 2 根支座负筋；中间支座每一单侧有 7 根牌号 HRB500、直径 22mm 的钢筋，分两排布置，上排 5 根、下排 2 根，除去集中标注中已注明的 2 根上部通长筋外，上排只有 3 根支座负筋，中间支座两侧布置相同；第一跨梁下部有 5 根牌号 HRB500、直径 22mm 的钢筋；第二跨梁下部有 4 根牌号 HRB500、直径 22mm 的钢筋。单击"平法表格"后选中 KL2，补充原位标注中的相关钢筋信息（图 5-62）。以此类推，补充所有原位标注并补充吊筋等信息（图 5-63），完成梁构件的钢筋数据录入。

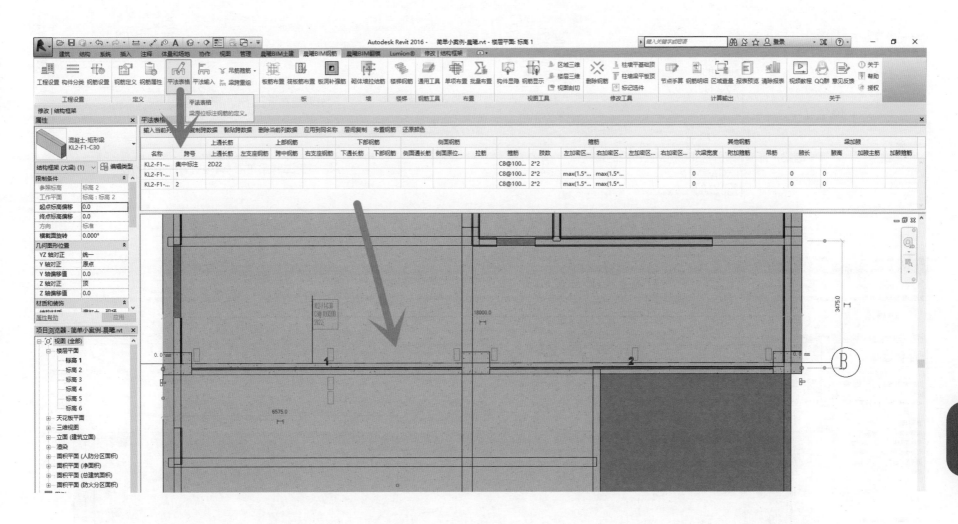

图　5-60

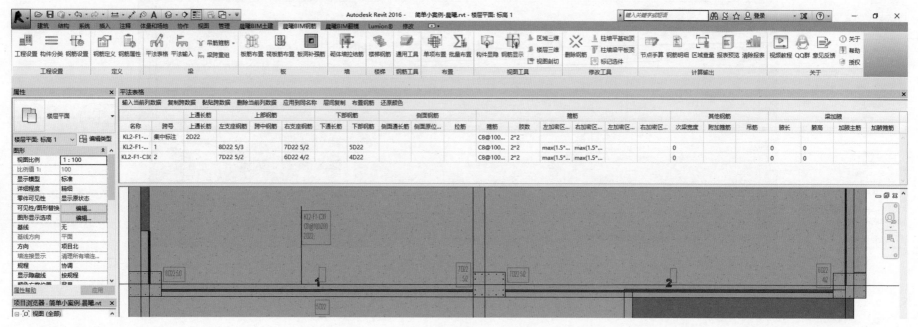

左端支座共8根牌号HRB500直径22的钢筋
分两排布置，上排5根下排3根

2Φ22

KL2(2)
300X650
Φ8@100/200(2)
2Φ22

8Φ22 5/3

5Φ22

5Φ22
第一跨梁下部有5根牌号HRB500直径22的钢筋

L3(1A)
250X600

KL9(5)
300X700
Φ8@100(2)
2Φ22

5Φ20

6Φ22 4/2

中间支座每一单侧共7根牌号HRB500直径22的钢筋

7Φ22 5/2

分两排布置，上排5根下排2根，中间支座两侧布置相同

7Φ22 5/2

2Φ16

KL10(4)
300X75C
Φ8@100
2Φ22

6Φ22 2/4

5Φ22

右端支座共6根牌号HRB500直径22的钢筋
分两排布置，上排4根下排2根

6Φ22 4/2

4Φ22
第二跨梁下部有4根牌号HRB500直径22的钢筋

图 5-61

图 5-62

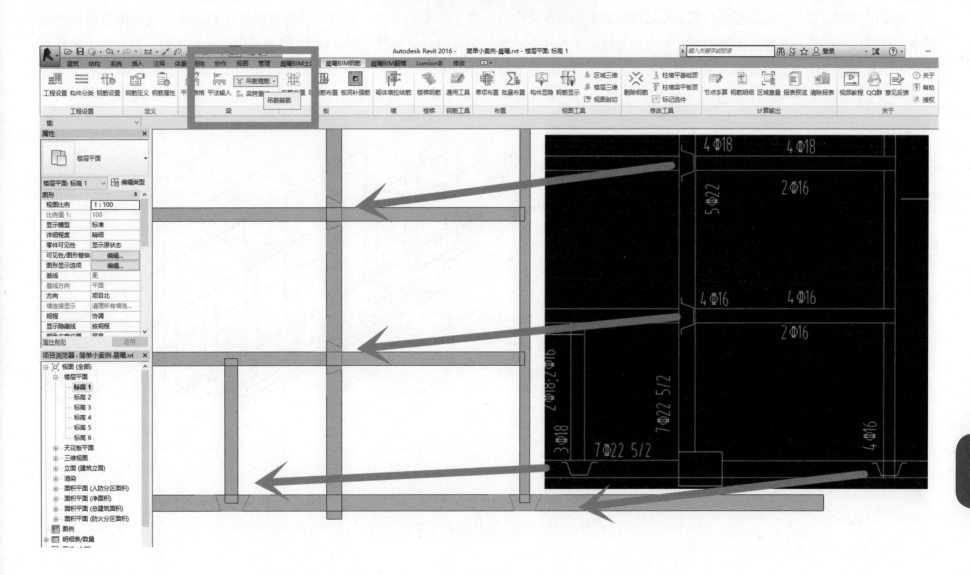

图　5-63

楼板钢筋的布置既简单又复杂，简单的是楼板钢筋构造本身并不复杂，只需按照图纸布置受力筋等即可，复杂的是楼板布置在实际软件操作中通常需要注意区分单板布置和多板布置，简单来说就是单板入梁、多板拉通。以面筋为例，采用单板布置（图 5-64）和多板布置（图 5-65）时，钢筋工程量有明显区别。本工程图纸中楼板钢筋为双层双向配筋（图 5-66），因此面筋应通长布置，即宜采用多板布置的方式。

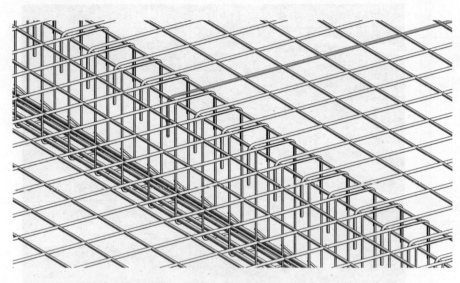

图 5-64

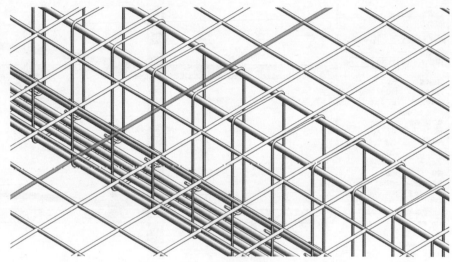

图 5-65

2.本楼层楼板厚度均为120mm，楼板配筋为 Φ8@120，双层双向。

图 5-66

虽然是双层双向配筋，即拉通布置，但是对于楼板底筋，16G101 系列图集要求必须入梁，入梁长度不小于 5d 且至少到梁中线（图 5-67）。因此，底筋应按单板布置。当底筋按多板布置时，一些软件不但会计算 5d 与半梁宽的入梁长度，还会根据定尺长度额外计算设计搭接长度，导致工程量偏大。

综上，本工程楼板为双层双向配筋的有梁板，面筋应按多板布置满铺，底筋应按单板布置。除此之外，本工程 Revit 模型楼板为一个整体（图 5-68），虽然对混凝土工程量计算没有影响，但是会影响按单板方式布置底筋，因此需对楼板按梁进行分割。Revit 平台本身可以对

楼板进行编辑，许多第三方插件也提供了各式分割楼板的功能。晨曦算量插件提供了板分割工具，在"土建"模块中单击相应按钮即可完成对楼板的处理（图 5-69）。

完成以上基础工作后开始布置楼板钢筋，钢筋定义中仅涉及设置混凝土强度等，钢筋信息采用"板筋布置"功能输入（图 5-70）。新建面筋类型，依据图纸录入"C8@120"，布置方式分别选择"双向"和"多板"，同时选取多块楼板完成面筋布置（图 5-71 和图 5-72）。同样新建底筋类型并采用单板布置，分别对每一单块楼板布置底筋（图 5-73 和图 5-74）。

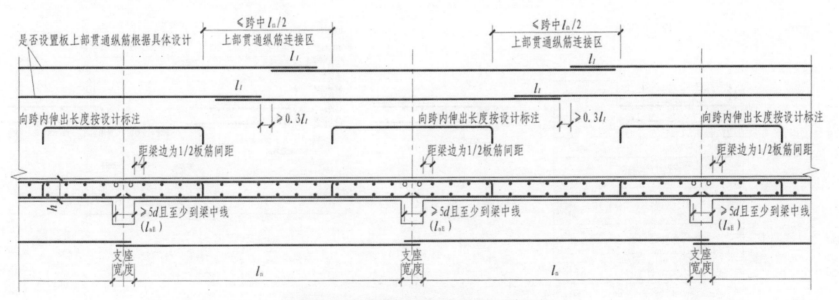

有梁楼盖楼面板LB和屋面板WB钢筋构造
（括号内的锚固长度 l_{aE} 用于梁板式转换层的板）

图　5-67

图 5-68

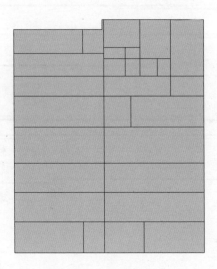

图 5-69

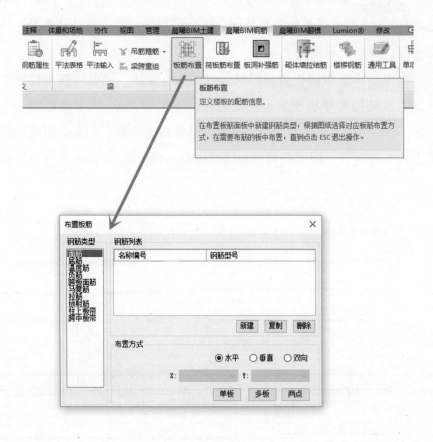

图 5-70

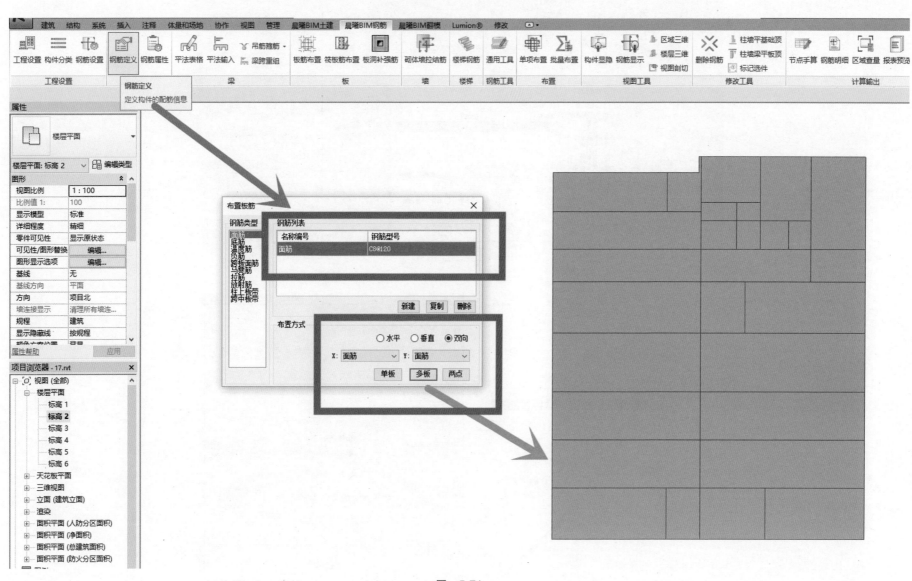

图　5-71

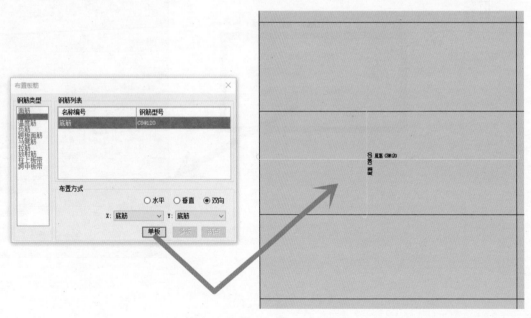

图 5-72

图 5-73

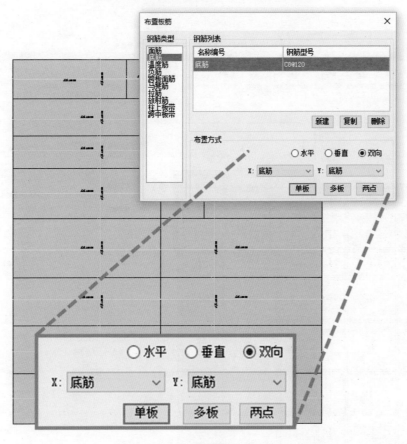

图 5-74

完成钢筋信息录入后，通过"批量布置"功能计算并生成钢筋（图 5-75）。注意对计算构件的取舍，非经由图纸录入钢筋信息的构件不要勾选。对于已完成构件分类的图元，晨曦插件通常会预设部分钢筋信息，若全选所有构件进行汇总计算，会增加图纸中不存在的钢筋。此外，也可以通过在"钢筋定义"对话框中删除相关钢筋信息的方式

避免增加多余钢筋量。例如，本工程屋面存在非配筋素混凝土的种植挡墙，为了计算混凝土和模板工程量将其定义为混凝土墙，晨曦插件默认提供了部分缺省配筋信息，若参与汇总计算则会增加图纸中不存在的钢筋。因此需要在"钢筋定义"中将其配筋信息清空（图 5-76），或在钢筋布置时不勾选对应钢筋。

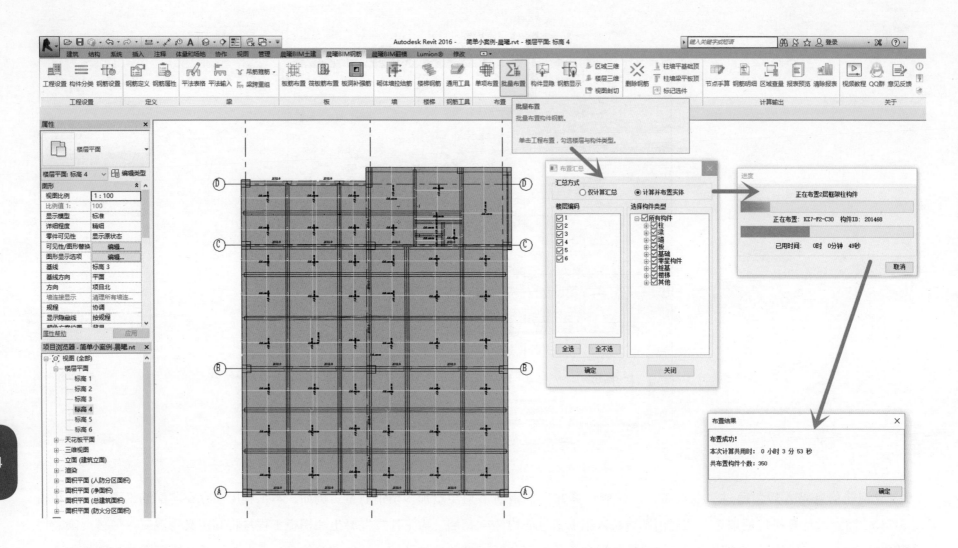

图　5-75

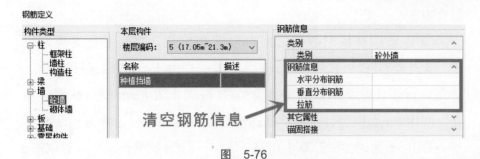

图 5-76

钢筋计算布置完成后通过"钢筋显示"功能查看钢筋模型，结合"构件显隐"等工具，可灵活对钢筋模型进行具体检查。以查看三层梁板（二层顶板、三层底板）中的板钢筋为例，通过"构件显隐"工具将其余构件隐藏（图 5-77），选中楼板后单击"钢筋显示"，查看钢筋节点（图 5-78）。楼板面筋通长布置，楼板底筋入梁且为半梁宽，布置准确。

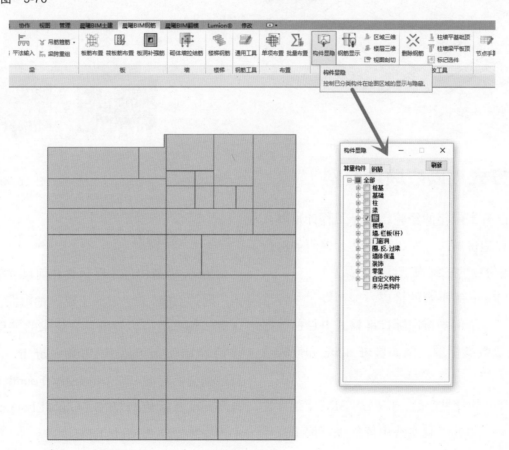

图 5-77

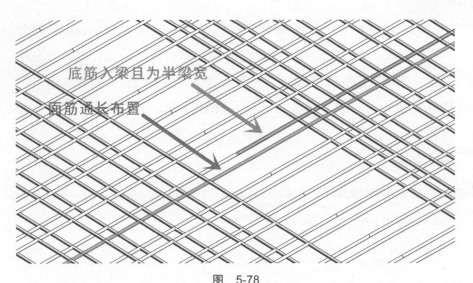

底筋入梁且为半梁宽

面筋通长布置

图 5-78

5.4 Revit 模型导出方式（以广联达为例）

在三维模型应用方面我国已有十余年的经验，对于工程计量以及配套的工程计价有着完整的工程造价解决方案，广联达、鲁班等国产软件商都拥有多款占有大量市场份额的三维模型计量产品。

随着 BIM 概念的引入以及 Revit 等平台的推广，国产算量平台也纷纷开展了更多数据传递的研发，不但支持国际标准格式 IFC 的数据交换，而且有针对性地优化企业数据标准，例如鲁班 rlbim 和广联达 GFC。

广联达推出了土建钢筋二合一的计量产品：广联达 BIM 土建计量平台 GTJ。由于该平台问世不久，因此工程实践中依然以沉淀十余年的"广联达 BIM 土建算量软件 GCL+ 广联达 BIM 钢筋算量软件 GGJ"

组合为主。

GCL 与 GGJ 模型数据之间可以互相转化，GCL 平台支持通过 IFC 格式或 GFC 格式导入 Revit 模型数据。由于 GFC 格式针对 GCL 平台进行了优化，所以通常推荐 GFC 格式作为 Revit 模型数据的媒介。使用 Revit 模型计量的广联达平台数据传递流程通常为：Revit 模型→GCL 土建模型（计算土建和装饰）→GGJ 钢筋模型（计算钢筋）（图 5-79）。

Revit模型　　GCL土建模型　　GGJ钢筋模型

图 5-79

5.4.1 土建部分

Revit 模型构件中已包含几何尺寸信息等数据，将构件数据整理导入广联达 GCL 平台形成土建算量构件，依据软件集成的计算规则通过计算式调整数值可得出符合要求的工程量。数据导出的文件标准可以使用 IAI(International Alliance of Interoperability) 组织制定的建筑工程数据交换标准 IFC（Industry Foundation Class），也可以使用广联达自身开发并优化的 GFC（Global Foundation Class），后者需要在 Revit 平台安装插件 Revit to GFC。

IFC 的本质是使用 EXPRESS 语言对构件信息进行描述，通过数据和约束记录几何尺寸。由于广联达未进行基于 IFC 标准的深度优化，导入 GCL 平台时虽然能够保持模型几何尺寸完整，但是构件类型和属性的准确性无法保证。因此，推荐使用 GFC 格式作为 Revit 模型与广联达 GCL 平台之间的数据桥梁。

Revit to GFC 插件有多款产品，分别对应新产品 GTJ、安装工程 GQI、土建工程 GCL（图 5-80）。

图 5-80

本书第三章中已经介绍过，实体模型本身无法直接获取符合要求的清单量，必须在实体模型的基础上建立计量模型。建立计量模型的本质是对楼层信息和构件信息的梳理。

单击"导出 GFC"，在弹出的对话框中进行 Revit 模型导出前的构件数据整理及相关设置。首先是楼层信息的梳理，Revit 模型建立时经常会设置许多辅助标高或辅助平面以便于构件定位，注意在楼层整理时需对这类非楼层标高进行正确区分。对照图纸中的楼层表或结构图获取正确的楼层信息，对于其余标高或平面进行舍弃。例如本工程中存在的种植挡墙顶标高等辅助标高非楼层标高，不能勾选（图 5-81）。

Revit 模型构件在算量模型中的属性类型可以通过下拉菜单进行调整（图 5-82）。

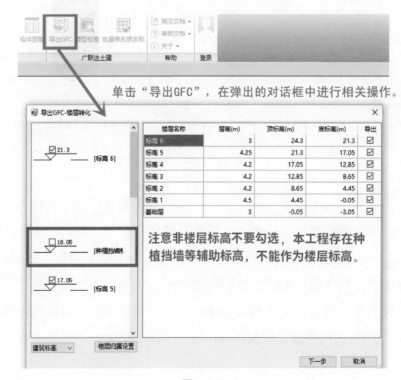

图 5-81

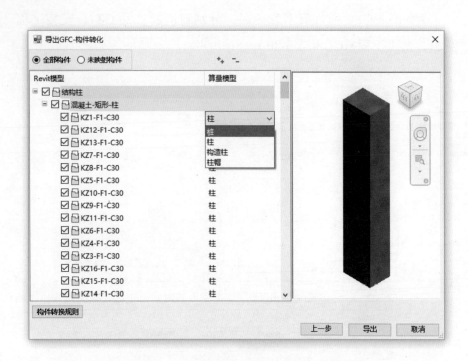

图　5-82

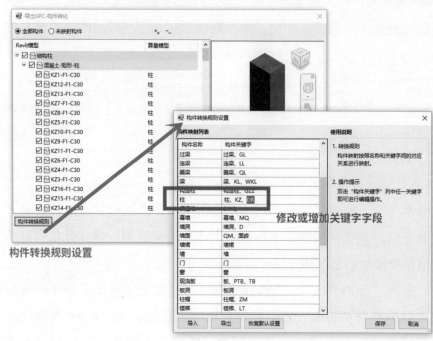

构件转换规则设置

图　5-83

为了提高构件转化效率，广联达 GFC 插件提供了基于构件名称辅助识别的工具，通过构件中的关键字判断转化类型。单击"构件转换规则"，可以在弹出的对话框中对关键字字段进行修改或增加。柱构件关键字中已有字段"KZ"，因此模型中所有包含"KZ"的框架柱已判别为柱构件。若在柱构件的关键字中添加字段"DR"，则模型中名称包含"DR"的构件会优先判断为柱构件（图 5-83）。

单击"导出"，形成 GFC 中继文件（图 5-84）。

图　5-84

Revit 模型构件信息已继承于 GFC 中继文件中，后续操作将在广联达相关算量平台中完成。打开广联达 BIM 土建算量软件 GCL，新建工程，只需对计算规则和编码库进行设置（图 5-85），其余楼层设置和构件信息等均不需要添加，导入 Revit 模型信息后会自动生成。单击"BIM 应用"，选择"导入 Revit 交换文件（GFC）"（图 5-86），在弹出的对话框中选择需导入的 GFC 中继文件（图 5-87）。

图　5-87

选择需要导入的楼层以及构件（图 5-88），完成导入并建立 GCL 模型（图 5-89）。

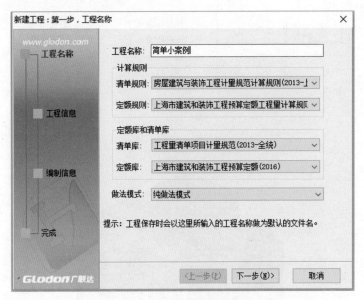

图　5-85

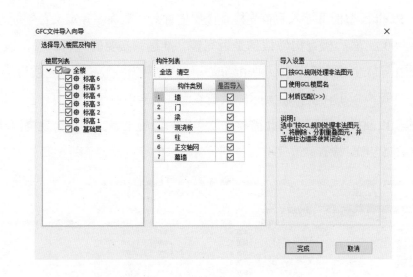

图　5-88

图　5-86

99

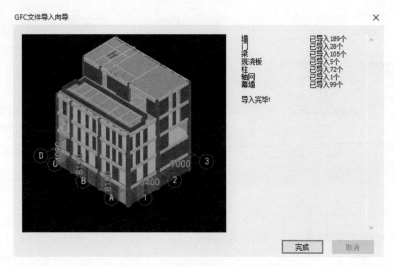

图 5-89

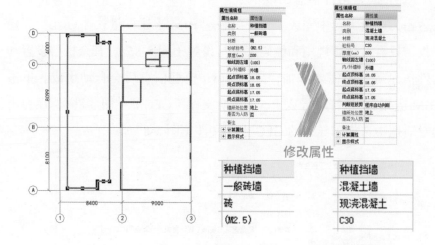

图 5-91

Revit 模型信息导入后首先检查楼层信息是否准确，并定义首层标志（图 5-90），然后检查构件信息是否完整、准确，必要时进行调整修改。例如在导入生成的模型中，种植挡墙构件的类别为一般砖墙，材质为砖，无法计算模板工程量。而实际种植挡墙为现浇素混凝土，需要计算混凝土体积以及模板面积，因此需要修改类别为混凝土墙，材质为现浇混凝土（图 5-91）。检查修改完成后得到符合要求的计量模型（图 5-92）。

图 5-90

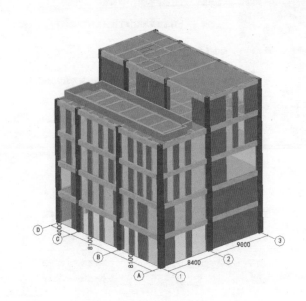

图 5-92

在算量模型构件中依据合同清单补充清单编码（一般也称套做法）（图 5-93），并汇总计算（图 5-94）。

图　5-93

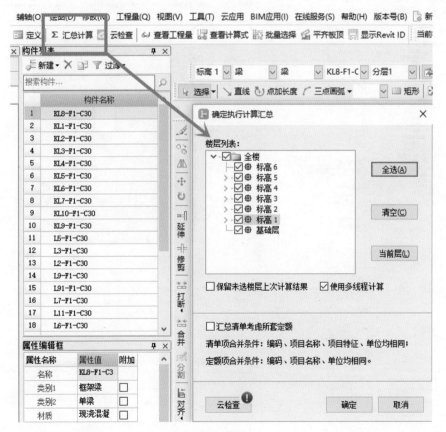

图　5-94

5.4.2　装饰部分

　　天棚、地坪、墙面等初装修的具体做法通常以房间为单位加以区分，具体的载体通常是合同、图纸、变更、会审纪要等技术文件所包含的装修做法表或材料统计表。基于此，除了单独布置初装修外，通常可以通过房间分类快速布置。

　　依据装修做法表（表 5-2）新建房间类型及其装饰（图 5-95），并依据建筑平面图（图 5-21）完成装修布置（图 5-96）。

　　此外，也可单独布置装饰面（图 5-97），或查看、删改装饰面（图 5-98）。

　　装饰布置完成前后均可依据合同清单（表 5-8）对装修做法定义清单编码（图 5-99）。完成上述工作后汇总计算（图 5-100）。

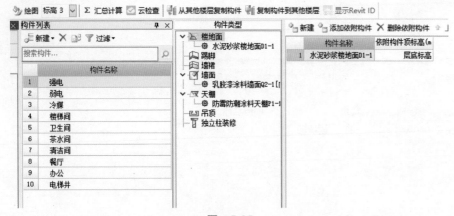

图 5-95

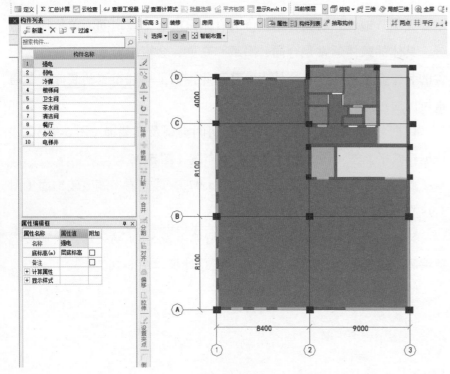

图 5-96

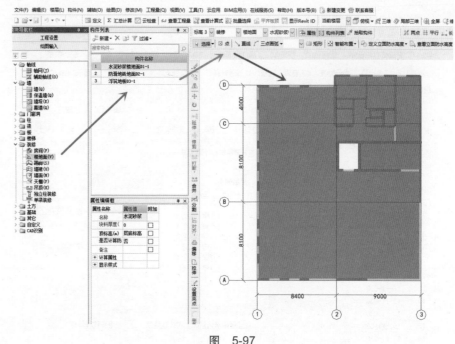

图 5-97

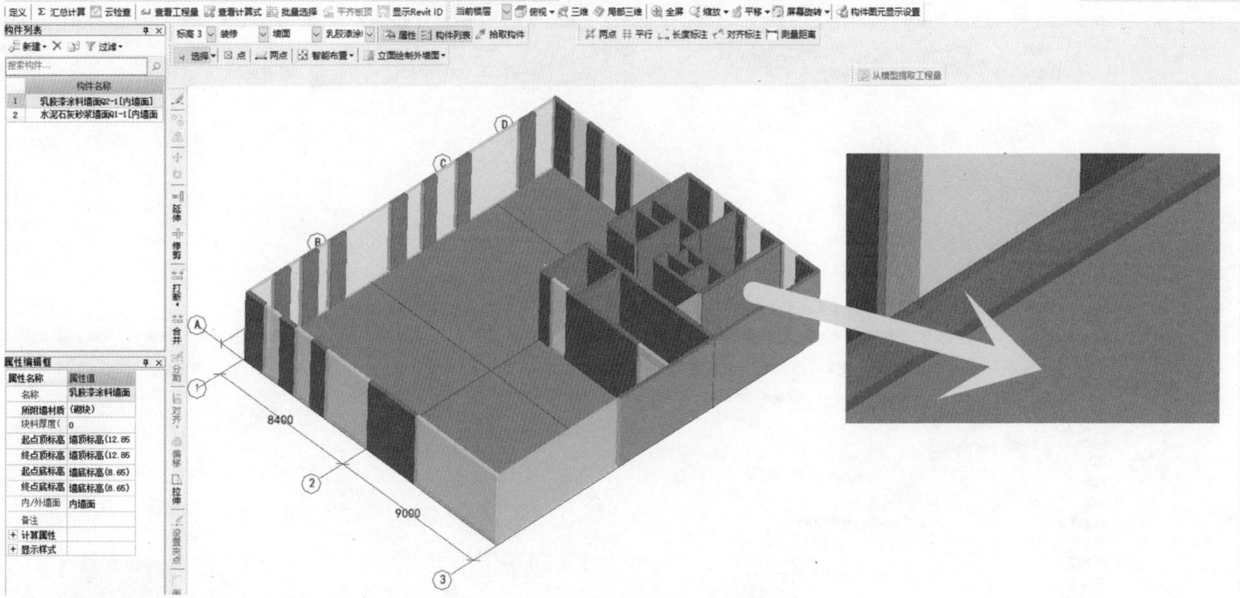

图　5-98

表 5-8　装饰装修工程合同清单

序号	编码	名称	单位
		装饰装修工程	
1	011101001001	水泥砂浆楼地面 D1-1	m²
	01-11-1-15	干混砂浆找平层 混凝土及硬基层上 20mm 厚 干混地面砂浆 DS M20.0	m²
2	011102003001	防滑地砖地面 D2-1	m²
	01-11-1-15	干混砂浆找平层 混凝土及硬基层上 20mm 厚 干混地面砂浆 DS M20.0	m²
	01-9-4-4	楼（地）面防水、防潮 聚氨酯防水涂膜 1.5mm 厚	m²
	01-11-2-13	地砖楼地面干混砂浆铺贴 每块面积 0.1m² 以内干混地面砂浆 DS M20.0	m²
3	011104002001	浮筑地板地面 D3-1	m²
	01-11-4-12	智能化活动地板	m²
4	011202001001	水泥石灰砂浆墙面 Q1-1	m²
	01-12-2-2	柱、梁面找平层 15mm 厚 干混抹灰砂浆 DP M20.0 干混抹灰砂浆 DP M20.0	m²
5	011201001001	乳胶漆涂料墙面 Q2-1	m²
	01-14-5-23	刮腻子 每增减一遍	m²
	01-14-5-9	乳胶漆 每增一遍	m²
	01-14-5-2	墙面 每增加一遍调和漆	m²
6	011407002001	防霉防潮涂料天棚 P1-1	m²
	01-14-5-8	乳胶漆 室内天棚面 两遍	m²

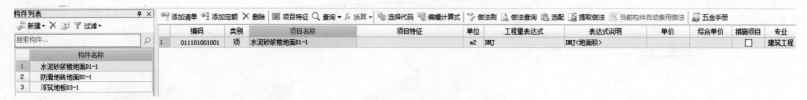

图 5-99

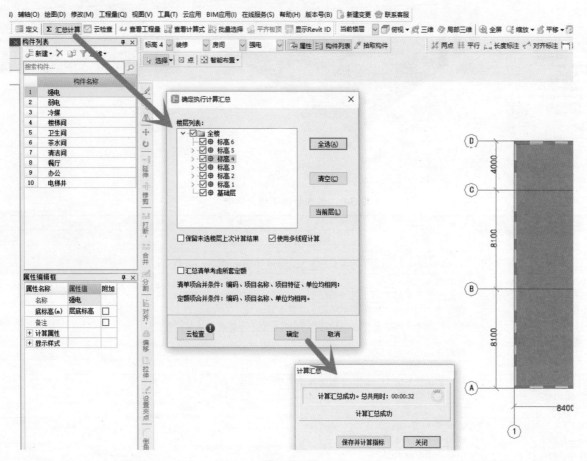

图 5-100

5.4.3 钢筋部分

广联达 BIM 钢筋算量软件 GGJ 的计算原理是在已有模型构件中补充平法信息，并通过内置的图集构造节点及计算规则自动生成钢筋数据，通过统计形成工程量计算成果。

本工程依据结构总说明选择 "16 系平法规则"（图 5-101）。其余基本设置见图 5-102~ 图 5-106。对于相关设置的具体解释已在本书5.3.3 节中进行了说明，此处不再赘述。

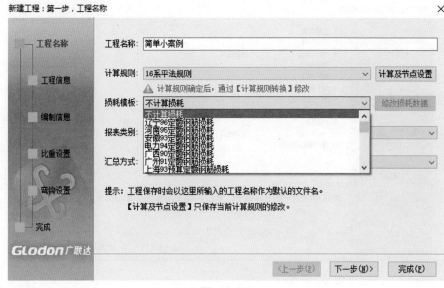

图 5-102

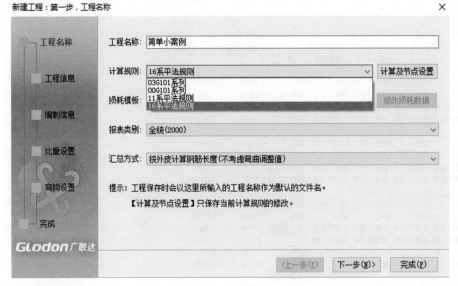

图 5-101

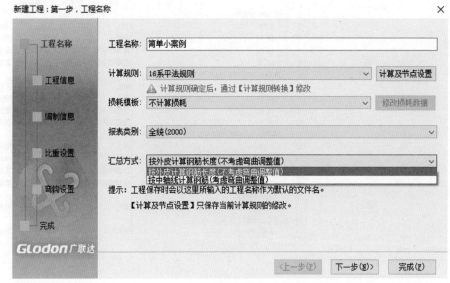

图 5-103

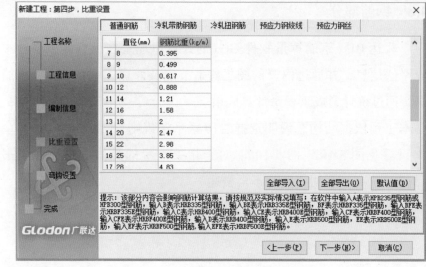

图 5-104

图 5-105

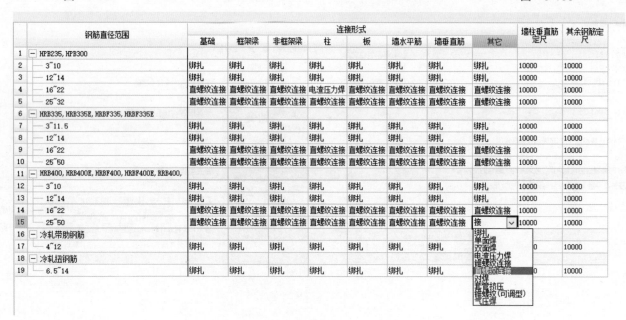

钢筋直径范围	连接形式								墙柱垂直筋定尺	其余钢筋定尺
	基础	框架梁	非框架梁	柱	板	墙水平筋	墙垂直筋	其它		
1 — HPB235, HPB300										
2 └ 3~10	绑扎	绑扎	绑扎	绑扎	绑扎	绑扎	绑扎	绑扎	10000	10000
3 └ 12~14	绑扎	绑扎	绑扎	绑扎	绑扎	绑扎	绑扎	绑扎	10000	10000
4 └ 16~22	直螺纹连接	直螺纹连接	直螺纹连接	电渣压力焊	直螺纹连接	直螺纹连接	直螺纹连接	直螺纹连接	10000	10000
5 └ 25~32	直螺纹连接	直螺纹连接	直螺纹连接	电渣压力焊	直螺纹连接	直螺纹连接	直螺纹连接	直螺纹连接	10000	10000
6 — HRB335, HRB335E, HRBF335, HRBF335E										
7 └ 3~11.5	绑扎	绑扎	绑扎	绑扎	绑扎	绑扎	绑扎	绑扎	10000	10000
8 └ 12~14	绑扎	绑扎	绑扎	绑扎	绑扎	绑扎	绑扎	绑扎	10000	10000
9 └ 16~22	直螺纹连接	直螺纹连接	直螺纹连接	直螺纹连接	直螺纹连接	直螺纹连接	直螺纹连接	直螺纹连接	10000	10000
10 └ 25~50	直螺纹连接	直螺纹连接	直螺纹连接	直螺纹连接	直螺纹连接	直螺纹连接	直螺纹连接	直螺纹连接	10000	10000
11 — HRB400, HRB400E, HRBF400, HRBF400E, RRB400,										
12 └ 3~10	绑扎	绑扎	绑扎	绑扎	绑扎	绑扎	绑扎	绑扎	10000	10000
13 └ 12~14	绑扎	绑扎	绑扎	绑扎	绑扎	绑扎	绑扎	绑扎	10000	10000
14 └ 16~22	直螺纹连接	直螺纹连接	直螺纹连接	直螺纹连接	直螺纹连接	直螺纹连接	直螺纹连接	直螺纹连接	10000	10000
15 └ 25~50	直螺纹连接	直螺纹连接	直螺纹连接	直螺纹连接	直螺纹连接	直螺纹连接	直螺纹连接	接 ∨	10000	10000
16 — 冷轧带肋钢筋										
17 └ 4~12	绑扎	绑扎	绑扎	绑扎	绑扎	绑扎				10000
18 — 冷轧扭钢筋										
19 └ 6.5~14	绑扎	绑扎	绑扎	绑扎	绑扎	绑扎	绑扎			10000

下拉列表：绑扎 / 单面焊 / 双面焊 / 电渣压力焊 / 锥螺纹连接 / 直螺纹连接 / 对焊 / 套管挤压 / 锥螺纹(可调型) / 气压焊

图 5-106

　　单击"导入图形工程"，选择导入之前继承 Revit 模型数据生成的 GCL 土建模型（图 5-107），选择需要导入的构件内容（图 5-108），生成模型框架（图 5-109）。

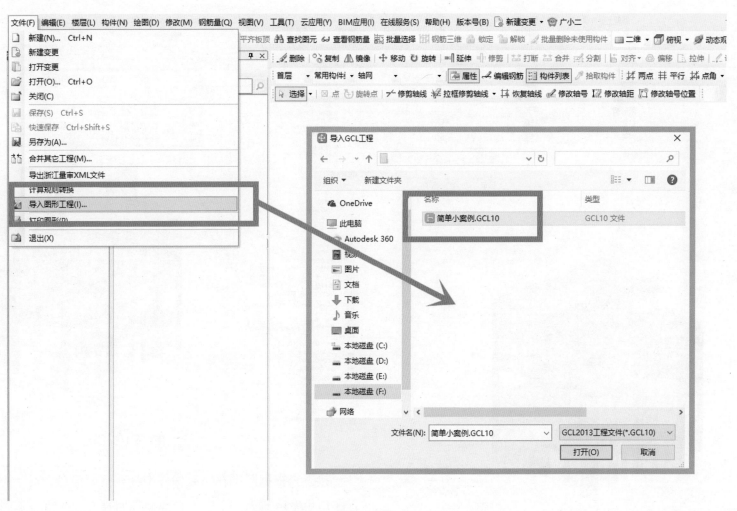

图　5-107

图　5-108

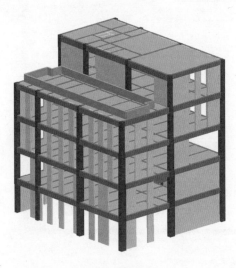

图　5-109

锚固值取决于抗震等级和混凝土强度等级。影响抗震等级的三个因素（结构类型、设防烈度、檐高）已经在工程设置中进行了相关修改，此时需仔细核对构件的混凝土强度等级（图 5-110）。

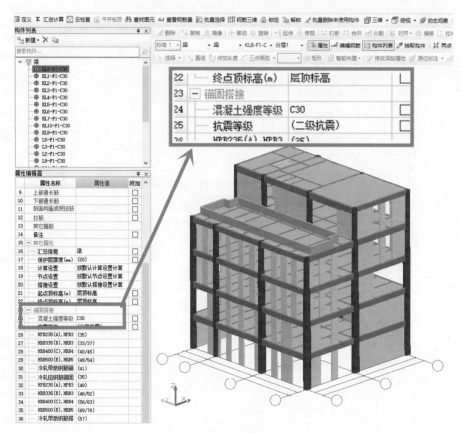

图　5-110

接下来根据图纸在已有构件中补充钢筋信息。对于不同牌号钢筋，由于历史发展原因，不同平台或插件的录入方式略有不同（表 5-7）。

柱构件的平法表示方法较为简单，依据现行 16G 图集，通常为列表注写方式（图 5-45）或截面注写方式（图 5-46），实际工程图纸中也有更加灵活的方式（图 5-47）。无论采取哪种方式，在构件中将构件信息补充完整即可（图 5-111），不需要像梁构件额外录入原位标注，也不需要像板构件额外录入受力筋和负筋信息。

"简单小案例"工程图纸柱构件采用的是列表注写方式（图 5-48）。以首层 KZ10 为例，录入柱构件的钢筋信息（图 5-112）。其余柱构件同样依据图纸补充钢筋信息。

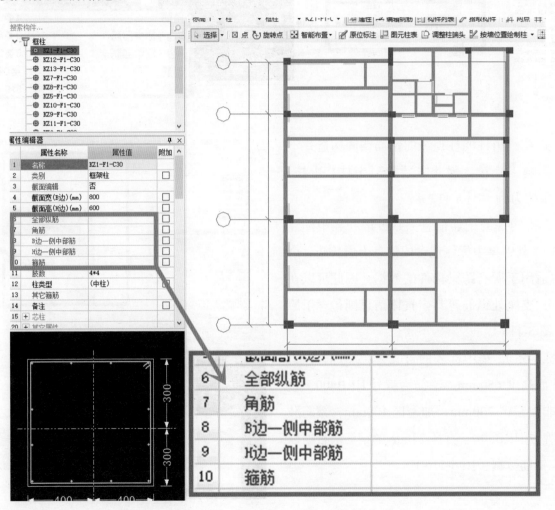

图　5-111

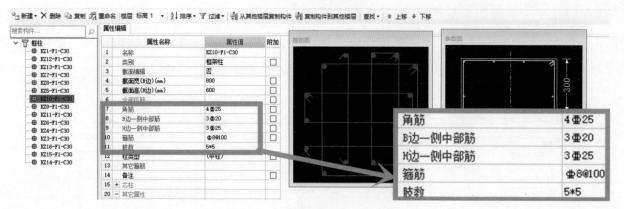

图 5-112

值得注意的是，中柱、边柱、角柱的柱顶纵向钢筋锚固构造并不一致（图 5-50、图 5-51），影响工程量。因此需要针对中柱、边柱、角柱进行修改，此处以五层角柱为例（图 5-113）。

依据 16G101 系列图集，梁构件的钢筋信息大致分散在集中标注和原位标注两部分（图 5-53），其中集中标注包含的信息为通长筋、全跨相同的纵筋、箍筋等基本适用于所有跨梁构件的数据，因此可以在构件中直接定义（图 5-114），支座处纵筋等其余具体信息则包含于原位标注中，需要单独补充（图 5-115）。

以首层梁 KL2 为例（图 5-55），集中标注的含义为：2 号框架梁，2 跨，截面宽度 300mm，截面高度 650mm，箍筋为牌号 HRB400、直径 8mm 的钢筋，箍筋间距非加密区 200mm，加密区 100mm，箍筋肢数为 2，上部通长筋为 2 根牌号 HRB500、直径 22mm 的钢筋。根据以上信息，在 KL2 构件中补充钢筋数据（图 5-116）。

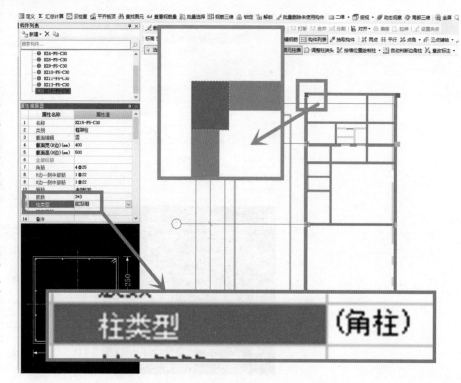

图 5-113

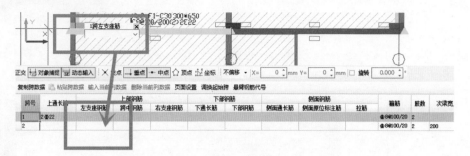

图　5-115

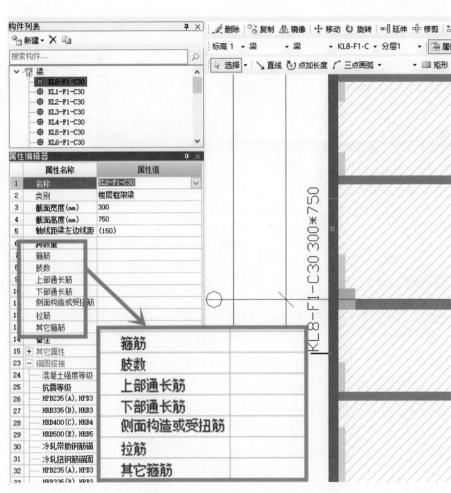

图　5-114

	属性名称	属性值
1	名称	KL2-F1-C30
2	类别	楼层框架梁
3	截面宽度(mm)	300
4	截面高度(mm)	650
5	轴线距梁左边线距	(150)
6	跨数量	
7	箍筋	Φ8@100/200(2)
8	肢数	2
9	上部通长筋	2Φ22

图　5-116

　　首层梁 KL2 原位标注的含义如下（图 5-61）：左端支座共 8 根牌号 HRB500、直径 22mm 的钢筋，分两排布置，上排 5 根、下排 3 根，除去集中标注中已注明的 2 根上部通长筋外，上排只有 3 根支座负筋；右端支座共 6 根牌号 HRB500、直径 22mm 的钢筋，分两排布置，上排 4 根、下排 2 根，除去集中标注中已注明的 2 根上部通长筋外，上排只有 2 根支座负筋；中间支座每一单侧有 7 根牌号 HRB500、直径 22mm 的钢筋，分两排布置，上排 5 根、下排 2 根，除去集中标注中已注明的 2 根上部通长筋外，上排只有 3 根支座负筋，中间支座两侧布置相同；第一跨梁下部有 5 根牌号 HRB500、直径 22mm 的钢筋；第二跨梁下部有 4 根牌号 HRB500、直径 22mm 的钢筋。根据以上信息在原位标注中补充相关钢筋数据（图 5-117）。

111

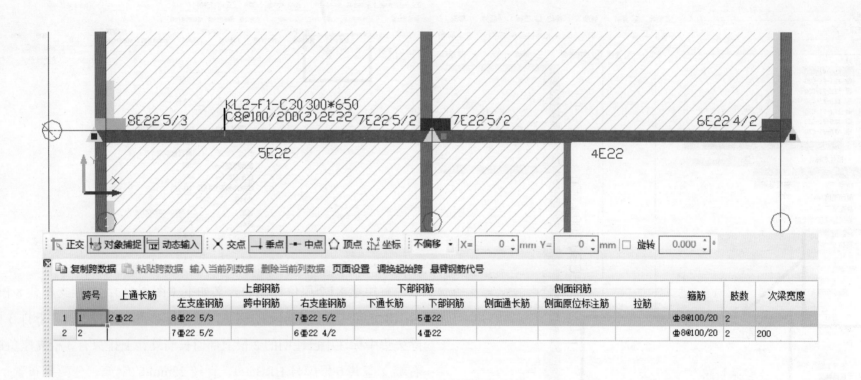

图 5-117

之后补充吊筋等信息（图 5-118），完成梁构件的钢筋数据录入。

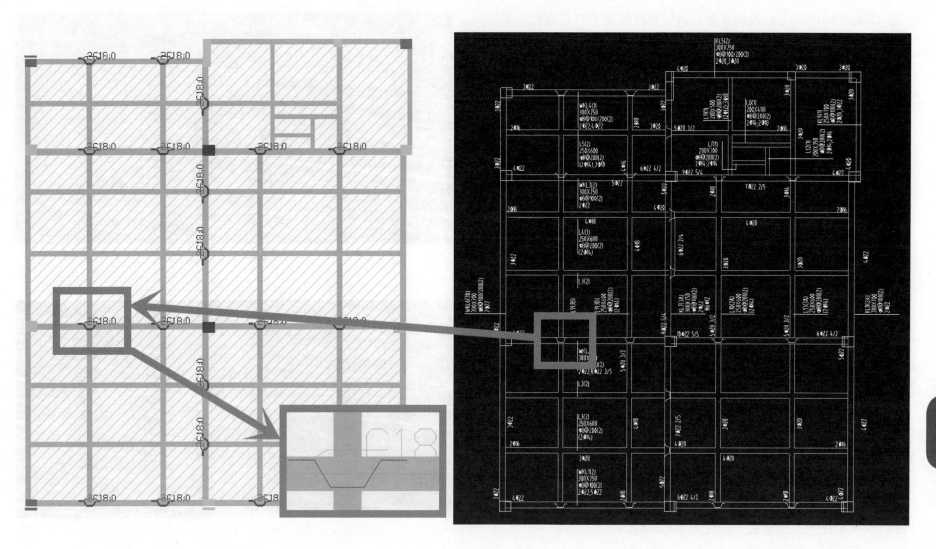

图　5-118

梁构件同样需注意构件属性，例如楼层框架梁与屋面框架梁的区分。在 16G 101 系列图集中，楼层框架梁与屋面框架梁锚固形式有一些不同（图 5-57 和图 5-58），因此在构件属性中需区分构件类别。例如五层构件 WKL1，修改类别为"屋面框架梁"（图 5-119）。

	属性名称	属性值	
1	名称	WKL1-F5-C30	
2	类别	屋面框架梁	
3	截面宽度(mm)	楼层框架梁	
4	截面高度(mm)	楼层框架扁梁	
5	轴线距梁左边线距	屋面框架梁	
6	跨数量	框支梁	
		非框架梁	
7	箍筋	井字梁	
		基础联系梁	
8	肢数	2	
9	上部通长筋	2Φ20	
10	下部通长筋	3Φ20	

图 5-119

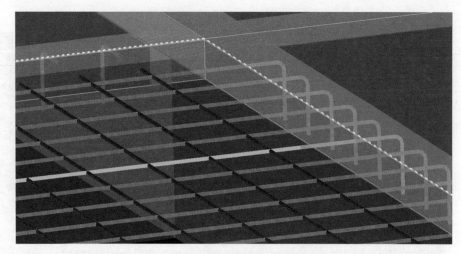

图 5-120

图 5-121

楼板钢筋构造本身并不复杂，但在具体软件操作中应注意，区分布置方式，简单来说就是单板入梁、多板拉通。以面筋为例，楼板钢筋的单板布置和多板布置分别见图 5-120 和图 5-121。

本工程楼板为双层双向配筋的有梁板，面筋应按多板布置，底筋应按单板布置。除此之外，由于本工程 Revit 模型楼板为一块整体，导致生成的广联达模型楼板也是整体一块（图 5-122），虽然不影响混凝土工程量计算，但是影响按单板方式布置底筋，因此需对楼板按梁进行分割。广联达 GGJ 提供了多种分割方式，例如单击鼠标右键选择"分割"命令后绘制分割线，此外也可使用"按梁分割"命令快速完成楼板分割（图 5-123）。

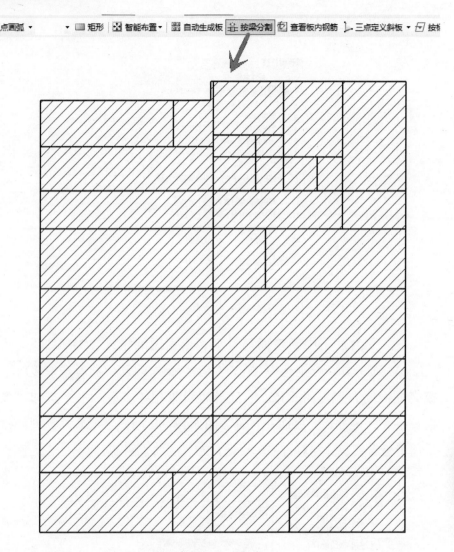

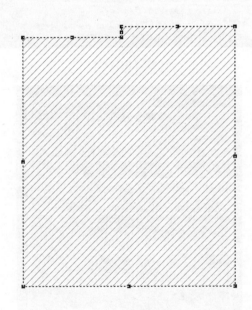

图　5-122

图　5-123

完成以上基础工作后开始布置楼板钢筋（图 5-124）。

属性编辑器

	属性名称	属性值
1	名称	F2-LB-C30-120
2	混凝土强度等级	C30
3	厚度(mm)	120
4	顶标高(m)	层顶标高
5	保护层厚度(mm)	(15)
6	马凳筋参数图	
7	马凳筋信息	
8	线形马凳筋方向	平行横向受力筋
9	拉筋	
10	马凳筋数量计算方	向上取整+1
11	拉筋数量计算方式	向上取整+1
12	归类名称	(F2-LB-C30-120)
13	汇总信息	现浇板
14	备注	
15	+ 显示样式	

图 5-124

在“受力筋”中新建面筋类型，依据图纸录入“C8@120”（图 5-125），布置方式分别选择“XY 方向”和“多板”，同时选取多块楼板完成面筋布置（图 5-126）。此外也可采用“多板 + 水平”和“多板 + 垂直”等方式完成面筋布置（图 5-127）。同样新建底筋类型，并采用单板布置，分别对每一单块楼板布置底筋（图 5-128）。

属性编辑器

	属性名称	属性值
1	名称	面筋
2	钢筋信息	⌀8@120
3	类别	面筋

图 5-125

图 5-126

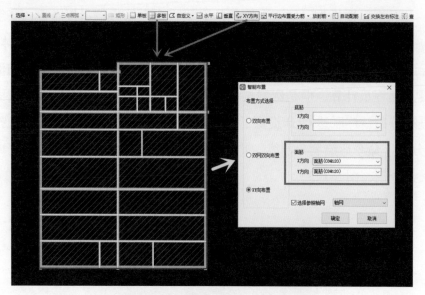

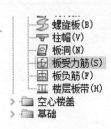

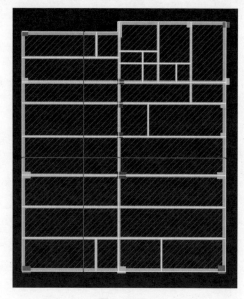

图 5-127

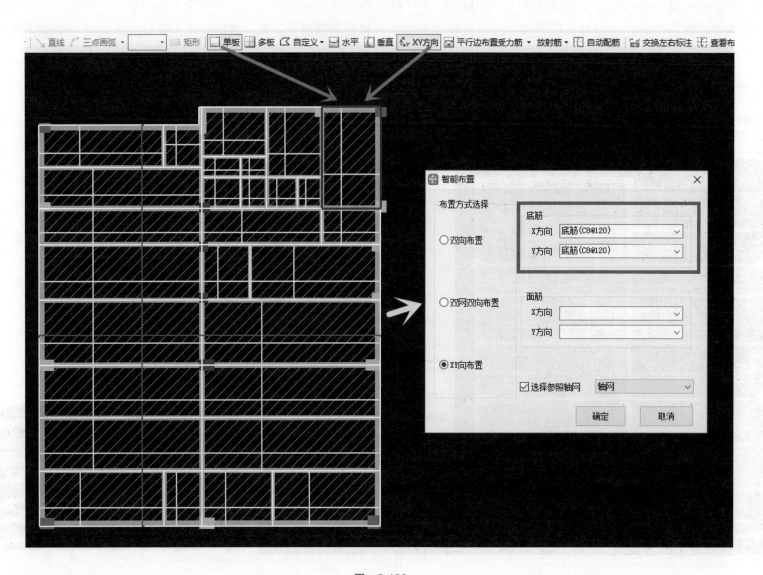

图 5-128

模型构件的钢筋信息补充完整后，汇总计算（图5-129），并可通过钢筋三维功能查看钢筋排布。以查看三层梁板（二层顶板、三层底板）中的板钢筋为例，选中受力筋后单击"钢筋三维"查看钢筋节点，楼板面筋通长布置，楼板底筋入梁且为半梁宽，布置准确（图5-130）。

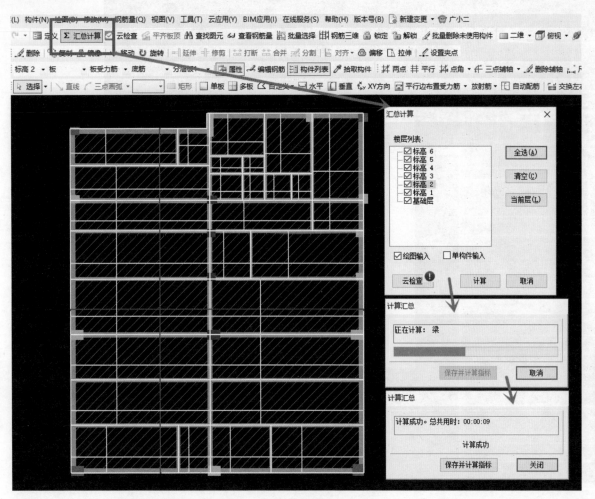

图 5-129

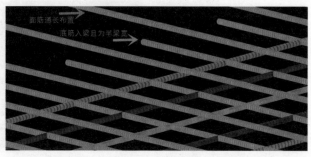

图 5-130

第六章 常见问题

问题 1：为什么计量模型与现场实际不一样？

因为计量规范和合同计量规则有特殊要求，具体参见本书 2.1 节和 2.2 节。

问题 2：为什么已有实体模型不能直接获取工程量？

因为计量规范和合同计量规则有特殊要求，具体参见本书 2.1 节和 2.2 节。

问题 3：Revit 平台算量插件和广联达等国产算量平台哪个更准确？

无论是 Revit 平台算量插件还是国产算量平台，均是在搭建的模型基础上提取几何尺寸和空间数据之后，通过计算公式调整数值进而统计得出结果。因此，准确性仅取决于内置的计算公式是否存在逻辑

错误以及技术人员在操作时是否选取了正确的计算公式，与具体使用的软件平台无关。Revit 平台算量插件（图 6-1）及国产算量平台（图 6-2）的相关计算规则均可以查看和修改。

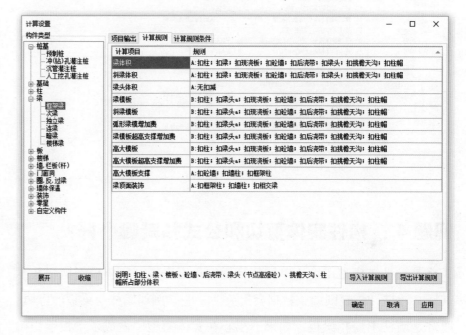

图　6-1

图　6-2

图　6-3

问题 4：构件实体剪切和公式扣减哪个好？

要看具体模型用途，单纯从算量的角度来说，实体模型剪切并不友好，通过计算规则调整数据会更灵活一些。例如墙柱与梁板的剪切，通常是墙柱不变扣梁板，如果不小心在实体模型中做成了梁板不变扣墙柱（图 6-3）就没法调整了，只能再返回修改模型。但是如果模型本身是重叠的没有做实体剪切，而是通过计算规则和计算式调整数值，就较为方便和灵活。

问题 5：钢筋抽样与翻样的区别是什么？

钢筋抽样用于计算工程建设费用；钢筋翻样用于现场实际施工。钢筋抽样只需计算设计搭接长度而不计算施工搭接长度，定尺长度的选择上需以定额为准而不是现场实际。例如河北省 2012 年定额（图6-4）约定：直径 10mm 以内按每 12m 一个接头；直径 10mm 以上至 25mm 以内按每 10m 一个接头；直径 25mm 以上按每 9m 一个接头计算。即使市面上钢筋原材长度均为 8m，在钢筋抽样计算工程量时定尺长度也只能分别按 12m、10m、9m 计算。

二、钢筋

1. 钢筋按现浇构件钢筋、预制构件钢筋、预应力钢筋分别列项。

2. 钢筋接头：设计图纸已规定的按设计图纸计算。设计图纸未作规定，焊接或绑扎的混凝土水平通常钢筋搭接，直径 10 mm 以内按每 12m 一个接头；直径 10 mm 以上至 25 mm 以内按每 10m 一个接头；直径 25 mm 以上按每 9m 一个接头计算，搭接长度按规范及设计规定计算。焊接或绑扎的混凝土竖向通长钢筋（指墙、柱的竖向钢筋）亦按以上规定计算，但层高小于规定接头间距的竖向钢筋接头，按每自然层一个计算。

图　6-4

问题 6：直径为 6mm 的钢筋需要修改比重吗？

由于购买的钢筋多为直径 6.5mm，因此部分技术人员在计算钢筋量时认为应将直径为 6mm 的钢筋比重由 0.222 修改为直径 6.5mm 的钢筋比重 0.26（图 6-5）。

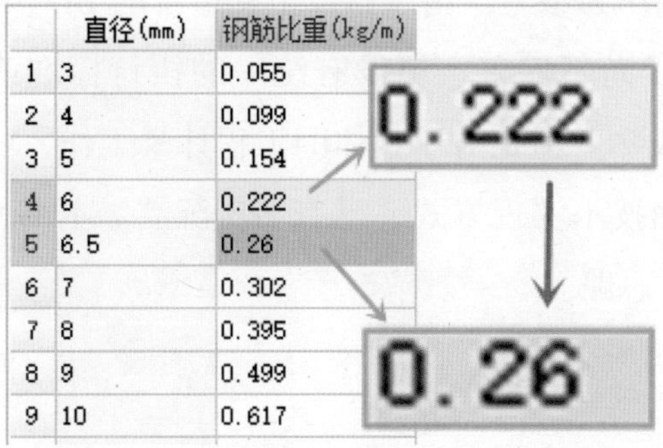

	直径(mm)	钢筋比重(kg/m)
1	3	0.055
2	4	0.099
3	5	0.154
4	6	0.222
5	6.5	0.26
6	7	0.302
7	8	0.395
8	9	0.499
9	10	0.617

图　6-5

工程计量在实际操作中偏向于简化计算、减少争议，因此解决这个问题只需从两个方面考虑：相关政策性文件及合同。

有的省份对该事项做出过明确说明，此时依据相关说明执行即可。若当地没有可执行的政府指导文件，则需要在合同中进行约定（包括但不限于合同条文或清单计算规则等），否则只能依据图纸按直径为 6mm 的钢筋比重 0.222 计算，差值在综合单价中考虑。

问题 7：翻模软件或插件好用吗？

为了快速搭建模型，无论是国产传统算量平台还是 Revit 算量插件，甚至是一些第三方辅助插件，大多提供了依据 CAD 图纸自动生成模型构件的功能。

以梁构件为例，现阶段翻模功能的原理基本上是基于 CAD 图层，通过集中标注中的截面尺寸生成构件，通过梁线进行定位。但是在实际生产中，图纸往往会进行多轮优化，梁构件的截面尺寸也会发生变化，习惯直接修改集中标注中的数值而不会重新修改梁线的设计院不在少数。这就导致了集中标注宽度与梁线宽度不一致，影响翻模准确率。此外，梁构件原位标注也存在变截面的问题。更麻烦的是，许多设计院在流水设计时习惯于图元叠加，影响翻模识别。因此，CAD 图纸的规范程度直接影响翻模的准确与否，翻模时出现错误的概率极大。

综上，是否使用翻模取决于对模型精确度的需求。当用于对精度要求不高的可视化用途时，翻模是提高效率的工具；当用于对精度要求较高的碰撞检查，甚至是对精度要求极高的工程计量时，不建议使用翻模工具。

问题 8：5D 有用吗？

5D 管理理论是在集成了进度信息的三维模型中增加造价信息，试图结合进度进行商务管理或资金决策，底层逻辑本身没有问题，也为工程管理提供了新的技术方案。但是在不同软件中，实际实施内容有很大差异，需要结合以下因素综合考虑：企业管理模式、工程实际需求、软件价格、学习成本。

例如某 5D 产品的解决方案是通过以构件为单位进行产值归集，并结合进度得出过程利润曲线。事实上，虽然收入中的分部分项与单价措施可以通过构件工程量归集产值，但是成本是实际发生的各项费用累加求和的统计数据，很难以构件为单位计算收入与成本的差值得出利润。

因此，新工具仅仅是提供了更多的管理思路和实现的可能性，具体如何应用仍然需要考验管理者的判断力和决策力。结合 5D 和企业定额预估不同阶段材料用量等应用理论上都是可行的。

问题 9：为什么本书要介绍 BIM 计量而不是 BIM 造价？

在建设投资的费用组成中（图 2-1），只有工程费用的组成有相关规范约定，对于工程建设其他费用的组成并没有统一标准，大多采用协会的研究成果作为参考。由于整体工程造价的 BIM 理论及联结 BIM 模型的技术手段尚不完善，更没有统一的执行标准或工作流，因此 BIM 造价尚不成熟。但是对于具体的工程计量工作，BIM 模型作为计量模型的理论和技术实现方式，已有多年沉淀。本书抛砖引玉，希望能够为读者提供思路。